石油和化工行业“十四五”规划教材

现代生物化学实验技术

Modern Experimental Techniques in Biochemistry

刘长霞　李正军　主编

化学工业出版社

·北京·

内容简介

《现代生物化学实验技术》为石油和化工行业“十四五”规划教材，主要内容：一是经典生物化学实验，例如，通过紫外-可见分光光度技术检测分析糖、蛋白质、核酸等，利用电泳技术分离蛋白质及核酸等；二是现代生物化学实验，包括使用实时荧光定量聚合酶链式反应（qPCR）技术对核酸及病原体进行定量分析、通过高效液相色谱（HPLC）和气相色谱（GC）技术检测酶催化反应等；三是科研成果转化教学实验，例如，利用磁性粒子作为分离介质分离核酸和蛋白质、固定化酶介质的制备及其催化反应等。

《现代生物化学实验技术》兼具实用性和先进性，是一本适合生物工程、制药工程、生物医学工程、生物技术等专业及相关工科专业的本科生和研究生使用的教材，同时也是相关专业科研人员和工程研究人员的重要参考资料。

图书在版编目（CIP）数据

现代生物化学实验技术 / 刘长霞，李正军主编. 北京：化学工业出版社，2026. 2. --（石油和化工行业“十四五”规划教材）. -- ISBN 978-7-122-49792-5

Ⅰ. Q5-33

中国国家版本馆 CIP 数据核字第 202677Z4D2 号

责任编辑：傅四周　　文字编辑：申　莉　药欣荣
责任校对：张茜越　　装帧设计：关　飞

出版发行：化学工业出版社
（北京市东城区青年湖南街 13 号　邮政编码 100011）
印　　装：北京科印技术咨询服务有限公司数码印刷分部
787mm×1092mm　1/16　印张 9　字数 232 千字
2026 年 3 月北京第 1 版第 1 次印刷

购书咨询：010-64518888　　售后服务：010-64518899
网　　址：http://www.cip.com.cn
凡购买本书，如有缺损质量问题，本社销售中心负责调换。

定　　价：35.00 元

《现代生物化学实验技术》编者名单

主　　编　刘长霞　李正军

副 主 编　白晓霜　王　萌　申晓林

编写人员　（按姓名汉语拼音排序）

白晓霜　北京化工大学
李兆忠　纽伦捷生物医药科技（苏州）有限公司
李正军　北京化工大学
刘长霞　北京化工大学
刘春巧　北京化工大学
申晓林　北京化工大学
宋立华　北京化工大学
苏　昕　北京化工大学
王　磊　北京化工大学
王　萌　北京化工大学
王　峥　北京化工大学

前言

生物化学是探索生命奥秘的核心学科，其实验教学承载着连接理论认知与实践创新的双重使命。在学科交叉融合与新工科建设的时代背景下，立足于培养具有全球视野、创新思维和工程实践能力的复合型人才，我们编写了这本理论与实践并重、基础与前沿交织的生物化学实验教材。全书分为两大部分——基础理论与基本实验技术篇、综合设计与科研转化实验篇，构建了从基础技能到创新研究的阶梯式培养体系，为生命科学及相关领域的人才培养提供系统性支撑。

基础理论与基本实验技术篇聚焦生物化学研究的基石技术，通过实验室安全及实验要求、光谱分析技术、色谱技术、电泳技术等模块化实验设计，串联理论认知与技能实践，夯实学生的学科基础与安全素养。实验设计突破传统教材的单一技能训练模式，紧密对接科研前沿与实际需求，并且强化了实验室安全教育的内容，对实验过程中的安全问题进行全过程控制。实验技术使学生亲历从科学问题提出到技术验证的全过程，系统掌握现代生物化学研究的核心方法学。

综合设计与科研转化实验篇以复杂科学问题为牵引，通过跨学科、跨技术的综合实验设计，推动学生从“技术操作者”向“创新设计者”转型。第五章从油脂酸值测定和皂化反应出发，延伸至脂肪酶非水相催化体系，通过米氏方程与动力学分析解析酶促反应机制。第六章围绕磁性纳米粒子设计多维度应用场景，通过“材料制备—功能化修饰—生物催化/分离”全流程实验，揭示纳米材料表面与界面特性与生物分子相互作用的规律。第七章从魔鬼弧菌的基因组挖掘与酶学表征出发，揭示淀粉酶的最适温度和 pH 稳定性，整合分光光度技术、色谱技术、酶表达与密码子扩展技术。第八章以酶分子为工程对象，分层次探究结构-功能关系，培养学生“计算指导实验”的蛋白质工程思维，为合成生物学元件开发奠定基础。第九章从腺相关病毒培养、纯化到基因组滴度检测，完整模拟基因治疗载体的标准化生产流程。上述每个综合实验均以实际科学或产业问题为起点，学生通过实验不仅能系统掌握生物化学核心技术的应用场景，更能在解决清洁能源、生物医药、酶工程等前沿问题的过程中，锤炼创新思维与转化能力，直面新时代生命科学领域的重大挑战。

本教材由长期从事生物化学、分子生物学、遗传学、微生物学和合成生物学教学科研的教师团队编写，通过各类实验规范操作能力、综合项目设计能力、安全风险管控能力的培养，塑造符合工程教育认证标准的复合型和创新型人才。

本教材具有很强的实用性，适用于生物及相关专业（如生物工程、制药工程、生物医学工程、生物技术等）本科生、研究生教学，同时也可作为科研人员及工程研究人员的参考用书。我们期待这本深度融合科研创新与工程实践特色的教材，能够成为新一代生命科学工作者探索未知、服务社会的启航之帆。

编者

2025 年 9 月于北京

目录

第一篇 基础理论与基本实验技术

第二篇　综合设计与科研转化实验

第五章　油脂的基本性质及脂肪酶催化制备可再生生物燃料 / 068

第六章　磁性 Fe_3O_4 纳米粒子及生化实验技术 / 076

第七章　魔鬼弧菌淀粉酶的表征和催化活性研究 / 090

第八章　酶结构与功能的关系测定 / 099

第九章　腺相关病毒的制备、纯化与检测 / 112

参考文献 / 122

附录 / 124

第一篇

基础理论与基本实验技术

第一章
实验室安全及实验要求

实验室安全是实验教学活动的首要前提。保持谨慎的态度，具备对潜在危险的认知，主动采取安全措施并严格遵守标准操作程序，可以有效预防事故的发生。同时，在事故发生后，若能及时、正确地进行处理，也能够最大限度地减少事故造成的损害。

完善的实验室安全设施和严格遵守安全操作规范是减少事故发生的重要保障。强化安全意识教育和规范操作流程可以进一步提高实验教学活动的安全性，确保实验顺利开展并保护参与人员的安全。

第一节
实验室安全防护

一、危险源

1. 火灾

发生火情时，立即关闭运行设备及电源，撤离起火区域，通知附近人员紧急撤离。关门延缓火势蔓延，同时大声呼喊告知本楼其他人员。迅速拨打 119 报警，清晰准确地说明具体的事发地点、时间、火势状况及发生原因等信息，并通知所在单位安保部门，同时启动最近的火警报警装置。当警报响起时，所有人员必须立即通过楼梯撤离大楼，严禁使用电梯。不要试图自行灭火。如果衣物着火，优先迅速使用淋浴灭火，淋浴设施较远则立即卧倒，双手护住头面部滚动身体灭火，切勿奔跑以免引起更为严重的烧伤，勿使用二氧化碳灭火器对人喷射灭火。出现呼吸困难、咳嗽或恶心等症状时，及时就医。未得到消防员或警察许可之前勿进入大楼。

实验室发生小火情，可使用湿布等或最近的灭火器迅速隔绝氧气灭火。实验室通常配备适用于化学、电气或材料火灾的干粉及二氧化碳灭火器。灭火器的使用步骤：拉出灭火器把手上的安全销，将喷嘴对准火源底部；用力挤压手柄，横向扫射火源，确保彻底扑灭火源。

2. 化学品暴露

大量化学试剂或高危试剂泄漏时，立即组织区域内人员撤离。在确认安全的情况下，立即关闭运行仪器设备，关闭电源，关闭所在区域的大门并迅速离开附近区域，拨打所在单位安保部门电话或启动实验楼报警系统。化学试剂泄漏较少时，用沙子、蛭石等吸收材料进行清理。挥发性、有毒或易燃物质溢洒时，立即戴好手套、护目镜及防毒面具，并随时准备灭火；对于酸、碱等腐蚀性试剂，可分别使用固体碳酸氢钠和3%醋酸进行酸、碱中和。清理后的废物，放入黄色危险品处理袋中，并在袋子上贴上标签，注明废物名称。用肥皂水对地面进行清洗，然后用水拖地清洁。

有害化学试剂溅到皮肤上时，立即用肥皂和清水冲洗，皮肤发生烧伤时，冲洗后涂抹凡士林或烧伤药膏；溅入眼睛时，立即打开紧急洗眼器，充分冲洗眼球及眼睑内表面；吸入有毒有害气体时，立即撤离至开放且空气流通的环境，并立即就医；溅到身体上时，迅速脱掉受污染衣物，并在紧急淋浴中彻底冲洗。要特别警惕有延迟伤害作用的化学试剂，即使暂无症状也应及时就医。

3. 地震

发生地震时，迅速关闭正在运行的设备及停止化学反应。来不及撤离时应立即躲在坚固的实验桌下，或双手护住头部，坐在靠墙的地板上。远离立柜、窗户、高置物架或悬挂物件等危险区域。切勿乘电梯逃生，以防被困。在室外应迅速远离高楼、树木、电线杆及停车场等区域。保持冷静，快速采取适当的应急措施，最大限度地减少受伤的风险。

4. 突发疾病

发现急症患者时，立即拨打120，明确告知时间、地点、症状等。在等待救护车的过程中，大声呼唤患者并观察其反应。若患者呼吸正常且呼吸道畅通，可参照图1-1，使患者保持侧卧位，并持续观察等待急救。

患者停止呼吸或呼吸异常时（判断时间不超过10s），立即进行胸外按压，同时尽快准备自动体外除颤器（automated external defibrillator，AED）。将患者平躺，施救者跪在患者胸前（图1-2）。双手重叠掌根于两乳头连线中点（胸骨下半段），按压深度为5～6cm，按压频率为100～120次/min，每次按压后，确保胸廓完全回弹到初始位置。为防止施救疲劳，每1～2min救助人员轮换，深度和节奏保持一致，直至AED到位开始贴电极片。

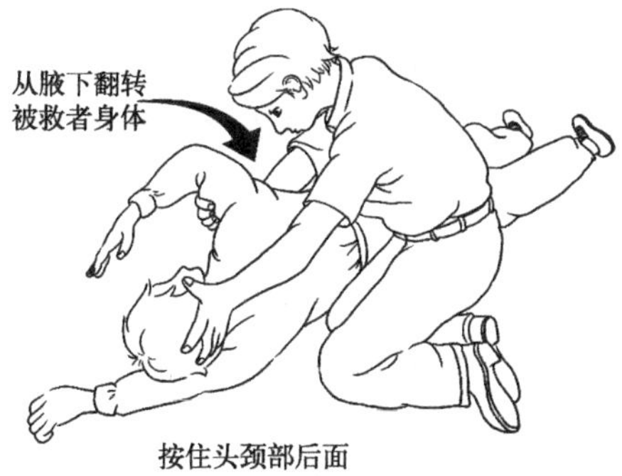

图1-1 使患者保持侧卧位的方法

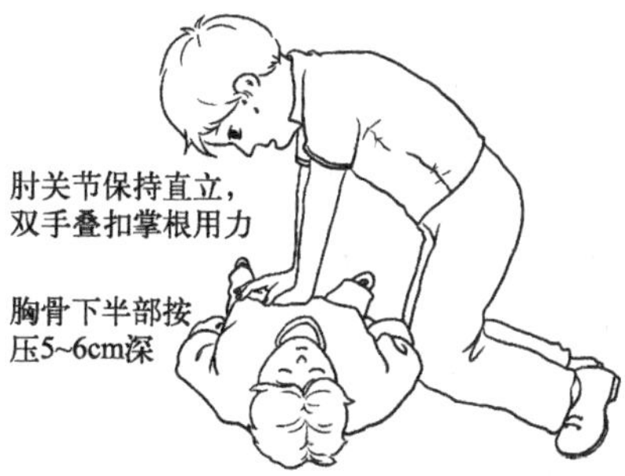

图1-2 胸外按压方法

AED在患者附近时打开电源，开始语音播报操作顺序。打开患者的衣服，按照指示安装电极片后，自动诊断是否需要进行除颤。AED除颤结束后，继续胸外按压，反复进行胸部按压和AED除颤心肺复苏，直至专业急救人员到达。

急性过敏可由昆虫毒液、药物、饮食、化学试剂等引起，可导致血压骤降、呼吸困难，严重时迅速进展为休克，甚至危及生命。常见临床症状为皮肤红晕、荨麻疹、心动过速和心悸，严重时会出现呕吐、气喘、呼吸困难、发绀（皮肤或黏膜呈现蓝紫色）及休克。有严重过敏史的高风险人群，应随身携带处方药肾上腺素自动注射笔（如 EpiPen），快速识别及时注射，可显著缓解症状并争取抢救时间。过敏性休克时，需要将患者置于仰卧位，松解衣物，确保呼吸顺畅；若出现心搏骤停，应立即进行心肺复苏操作，即胸外按压及 AED 除颤，同时拨打急救电话。过敏反应一旦发生，应立即送医治疗。

二、个人防护

配合实验室安全装置，科学地选用个人防护设备，可显著降低意外风险，保障实验教学与科研活动的安全性。一是控制接触源头，在通风柜等安全装置操作，控制化学试剂的挥发和泄漏，减少直接接触化学试剂造成的暴露风险；二是做好个人防护，进入实验室必须穿着实验服，保护皮肤和衣物，离开实验楼前要脱下实验服并妥善保管，避免污染源污染公共场所。实验室事故常见伤害部位主要包括眼睛、脸部及手部。

1. 头面部防护

眼睛、面部和气道的保护最为重要，腐蚀性物质、化学气体等化学物品及机械原因都可能会对其造成严重损害。实验过程应佩戴护目镜，如有有害气体或有爆炸危险则应进一步戴好防护面具。长发应向后束起，避免机械缠绕、化学接触及引发着火等危险。若有肺炎等呼吸道疾病，应正确佩戴防护口罩，勿露出鼻子，以防病毒粒子以气溶胶形式进入环境造成传染风险。

2. 手、足部防护

操作腐蚀性、毒性溶剂等时应戴防护手套，可根据防护需要进行选择。没有一种手套可以阻隔所有的化学物质。耐化学试剂手套可隔离有毒、腐蚀性、致畸致癌化合物等；一次性手套轻便、灵活，通常用于对间歇性或飞溅试剂的操作保护；氯丁橡胶手套可隔离多种有机酸和无机酸等腐蚀性物质及酒精、油和油脂等有机溶剂；丁腈手套适用于隔离许多有机溶剂，如对石油、酸、碱、油脂和氟利昂具有很高的耐受性，但不能隔离酮、强氧化性酸和含氮的有机化学试剂；皮或棉线绝缘手套等可使手免受过冷、过热极端温度伤害。处理浓酸、浓碱溶剂或有毒化学试剂等还需要佩戴厚重的长袖耐化学试剂手套。

实验室内工作需穿着保护腿和脚的长裤和鞋子，以防溅洒试剂及玻璃碎片造成伤害，实验室禁止穿露脚面、脚趾的鞋等。

三、实验室安全设施

安全培训要求实验室师生熟悉各种安全设备所处的位置和正确的使用方法。

1. 灭火器与消防栓

校园内的灭火器由消防管理部门定期检查认证和更新。实验室工作人员应及时更换，确保其正常使用。二氧化碳灭火器用于溶剂和电气火灾，但绝不能用于金属或金属氢化物火灾，以免引起爆炸；干粉灭火器用于可燃物和电气火灾，比二氧化碳灭火器适用范围更广。消防栓位于走廊壁柜内，仅用于无法通过其他方式控制的火灾，使用时需要两人以上小心配合，以免高水压作用使沉重的喷嘴剧烈摆动，最好由消防专业人员使用。

2. 洗眼器和紧急淋浴器

每个实验室都配置有洗眼器，每个楼层的走廊都设有若干紧急淋浴器。实验室工作人员应定期检查，确保其正常工作。二者均需定期放水，以防止管道积水污染，产生异味。

3. 通风柜

通风柜是保护实验室工作人员免受有害化学品暴露危害的关键设备。通风柜应每年进行检查认证，确保正常使用。应定期清理通风柜，避免试剂残留引发火灾或爆炸，严禁作为储物柜使用，以免过多化学试剂污染空气并吹向操作人员。

4. 急救箱

每个实验室必须配备急救箱，并根据药品保质期及时更换。急救箱应能满足对轻微外伤的简单急救处理。若有需要，立即将伤者送往医院救治。

5. 实验室泄漏工具包

实验室配有碳酸氢钠和醋酸等，用于溢出酸、碱中和，还应配备蛭石等液体吸收材料，以应对液体试剂泄漏。

第二节 化学试剂、气瓶的储存与安全使用

一、化学试剂

化学试剂应根据其危险性分类存放。易发生剧烈反应的化学物质应分开存放，以防接触发生剧烈化学反应，发生爆炸、烧伤或有毒产物释放；酸、碱相互隔离，存放在腐蚀性物质储存柜内；水反应性化学试剂应远离水源，并与易燃物质、腐蚀性物质、酸和碱分开存放。勿过多购买化学试剂，确保库存更新与妥善管理。

化学试剂特别是腐蚀性、易挥发试剂，需在通风柜内进行处理，并佩戴适当的手套、护目镜甚至防毒面具。小心操作，防止溅出，以免造成身体伤害及环境污染。许多有机化合物逐渐被确认具有毒性或致癌性，因此几乎所有化学试剂都有潜在毒性，甚至可能致癌。

醇、丙酮及乙醚等易燃液体试剂，存放在配备通风系统的易燃物储存柜内，远离热源、水汽或火源。易燃、易爆试剂禁止储存于普通冰箱或其他制冷设备中，确需低温保存时必须存放在防爆冰箱内。严格控制实验室存放易燃试剂的数量，减少火灾和爆炸的危险。

易燃试剂使用过程应远离明火，不可在开口烧瓶中进行回流或蒸馏，使用油浴或水浴加热。易燃试剂溢出时，应立即关闭实验室所有加热装置，戴好丁基橡胶手套，用抹布清理干净，投入废溶剂罐中，避免有毒溶剂接触皮肤。乙醚试剂瓶上写明收货、拆封日期，并在 12 个月内使用完，防止有机过氧化物积聚。所有储存和处置过程应严格遵守危险废物处置规定。

二、气瓶

氮气、氦气尽管无毒，但其存放气瓶发生泄漏极易造成窒息，高压泄漏还会造成人体伤害。低温液氮变为室温气体体积可膨胀 700 倍，操作不当还可能发生爆炸。使用钳子、夹子或戴手套处理储存在液氮冷冻室中的物品，避免皮肤接触。应在生物安全柜或其他有

外壳保护装置的环境中解冻，以防发生泄漏或爆炸事故。氢气瓶等易燃、易爆气瓶，应远离火源、热源，漏气时立即关闭气源，疏散人员，通风处理。所有气体钢瓶必须按规定严格固定，并注意有效期。

第三节 废物处理

往下水道、空气中或垃圾填埋场排放危险废弃物是违法行为。具有易燃性、腐蚀性、反应性、毒性等特征的废弃物，必须遵守危险废物管理规范。

实验室有机废液桶和无机废液桶应分开存放，容积不得超过其最大容量的70%。废液桶密封状态良好，不能泄漏，并且必须贴上“危险废物”识别标签，记录废液的开始放置日期、种类、实验室名称等信息。

易形成过氧化物的化学试剂一旦开封，其使用期为一年，超过一年必须作为危险废物进行处理。生物样本污染的容器应进行灭菌或者消毒处理，可以采用高压灭菌、次氯酸盐溶液（有效氯0.5%）或季铵盐溶液（0.4%）等消毒，每种溶液灭菌或消毒时间不少于3min。

第四节 实验室安全

实验室安全意识及对潜在危害的认识至关重要。通常，实验室中潜在的安全事故是可预防的。完善的安全措施将进一步减少事故的发生，因此，遵守实验室安全规则至关重要。

一、实验室安全守则

① 进入实验大楼后，首先要找到紧急出口、淋浴器，进入实验室后确认洗眼器、灭火器、急救箱等安全设施的位置。

② 在实验室进行实验，必须穿着至脚踝的长裤或长裙、完全盖住脚的鞋子，穿好实验服，佩戴手套、护目镜，以防止破损玻璃和溢洒出的化学物质造成伤害；发生疫情要正确佩戴口罩；长发需向后束起或挽起；离开实验室前，把手清洗干净；勿在实验楼外的公共场所穿着实验服。

③ 若酸、碱等试剂溅到皮肤上，立即用湿布擦拭，并用大量水冲洗干净，中和酸、碱性物质可分别使用碳酸钠等弱碱、3%醋酸等弱酸。

④ 按要求规范操作实验仪器、设备，确保其处于良好的运行状态，每次使用完成后应根据需要进行清洁。

⑤ 配制试剂应在试剂瓶上清楚标明试剂与样品的名称、实验人员姓名和日期，使用后的试剂与生化物质应储存在冰箱中。

⑥ 不得使用破损的玻璃仪器，不得直接闻或品尝化学试剂，不允许带食品或饮料进入实验室。

⑦ 注意环境安全，保持实验室整洁，遵守环境法规，不得将化学物质、纸屑或其他固体废弃物倒入水槽。

⑧ 外来人员未经许可不得进入实验室，不得在实验室内使用手机或其他电子设备进行娱乐活动。

⑨ 发生事故时，应立即向负责实验的教师或安全员报告。

二、安全责任书

安全培训合格并签订安全责任书（样例如下）方可进入实验室进行实验。

样例

签署人，已经阅读了关于实验室安全规则，我认识到实验室的职责和预防措施的重要性，已被告知若违反相关规定，会被要求离开实验室，并且本门实验课成绩会被记为0分。

学生姓名：

年　　月　　日

第五节
实验原始数据记录

实验原始数据记录是撰写实验报告的依据。每位同学都应实事求是地记录实验原始数据，出现与预期结果不一致的情况应重复实验或仔细分析原因。严禁随意修改实验原始数据，一经发现，本门课程成绩记为0分。实验原始数据记录由任课教师或辅导教师签字，随实验报告附件交任课教师。

第二章
光谱分析技术

第一节
光谱分析技术的基本理论

光谱分析技术是一种利用光与物质相互作用所引起的信号变化来进行分析的方法，通过这一过程可以探测样品的特性，进而了解其一致性或结构。光作为电磁辐射，与待测物质相互作用后产生的辐射信号变化构成了光谱分析法的基础。因此，任何通过辐射能与物质作用而产生辐射信号或引起信号变化的分析方法都属于光谱分析法。光谱分析法基于待测物质与辐射能之间的相互作用，通过测量因物质内部量子化能级之间的跃迁所产生的发射、吸收或散射等辐射能变化来进行分析。例如，在生物物质定量分析实验中，常常采用紫外-可见吸收光谱和荧光发射光谱，这些方法能够有效地帮助研究者分析和定量生物物质。此外，更高级的二维和三维结构研究，也涉及其他光谱技术，如圆二色谱、红外光谱、拉曼光谱等。以下内容将重点介绍实验室中最常用的两种光谱技术——紫外-可见吸收光谱和荧光发射光谱及其在生物物质定量分析中的应用。

一、紫外-可见分光光度法检测原理及方法

紫外-可见分光光度计是最早出现并且至今仍广泛使用的光谱分析仪器之一。它主要用于测定物质的含量和检测纯度等，其基本依据是被测物质本身或在特定试剂的作用下，能够选择性吸收特定波长的光。

1. 朗伯-比尔定律（Lambert-Beer law）

当一定波长的光通过某种介质时，该介质会选择性吸收该波长的光，使入射光的强度减弱，这一现象称为光吸收。光吸收的强度通常用吸光度（A）来表示。吸光度 A 与溶液中物质的浓度及光程之间的关系遵循朗伯-比尔定律。该定律可表示为：

$$A=\lg(1/T)=\varepsilon cL$$

式中，A 为吸光度；T 为透光率；ε 为摩尔吸光系数，L/(mol·cm)；c 为溶液浓度，mol/L；L 为光程，cm。其中，摩尔吸光系数 ε 是溶液对光吸收的比例常数，是指当溶液浓度为 1mol/L、光程为 1cm 时的吸光度，其单位是 L/(mol·cm)，是物质的一个特征常数，由物质的性质与光的波长而定。同一物质在不同的波长所测得的 ε 值不同，为提高检测的灵敏性，一般采用 ε 值最大的波长进行比色测定。朗伯-比尔定律仅适用于低浓度体系，高浓度下分子易缔合，从而导致偏离理想线性关系。透光率 T 的大小反映溶液

浓度，但其与浓度之间不是线性关系，而吸光度 A 与溶液浓度成正比，因此在实际操作中通常使用 A 值进行分析。

2. 紫外-可见分光光度计的基本结构

紫外-可见分光光度计通常由光源、单色器、样品室、光电检测器和显示器五部分组成。

光源：是光谱仪的关键部分，其输出功率和稳定性对测定结果的准确性有重要影响。分光光度检测中，紫外区的波长范围为 190～400nm，可见区的波长范围为 400～800nm。紫外光源通常使用氘灯，氘灯发射连续光谱的波长范围为 180～500nm，具有高辐射能量和长使用寿命等优点。在可见区，常用的光源包括钨灯、钠灯和氙灯等，其中，钨灯发射的连续波长范围为 320～2500nm，钠灯为 400～1000nm，卤素灯为 350～3000nm，氙灯为 190～1100nm。

单色器：功能是将连续的复合光分解成单一波长的单色光，主要依靠棱镜或光栅实现。常用的棱镜单色器包括玻璃棱镜（用于可见光）和石英棱镜（用于紫外光和可见光）。棱镜的色散性能随波长变化：在紫外区，波长色散程度高，分辨率可达 0.2nm；在长波区，色散性能降低，分辨率仅能达到 5nm。光栅单色器的光栅由等宽、等距的平行狭缝组成，利用光的衍射和干涉原理实现光谱分离。光栅单色器的分辨率较高，可达到 0.2nm，波长范围更广。

样品室：样品室内的比色池用于盛装样品，其材料选择与光谱分析的波长范围有关，玻璃比色池适用于可见光测定，石英比色池适用于紫外光测定。此外，还有一次性塑料比色池，可在紫外-可见光谱范围内使用，现已商品化。比色池的规格以光程长度为标志，常用的光程为 0.5cm 和 1.0cm。

光电检测器：是将光信号转换为电信号的核心部件，多数仪器采用光电倍增管作为检测器。单光束紫外-可见分光光度计的样品溶液和参比溶液共用一条光路。部分高档仪器采用二极管阵列作为检测器，具有更高的灵敏度。

显示器：通常为液晶数字显示窗，并配备计算机控制显示功能。

根据光学系统的不同，紫外-可见分光光度计可分为单光束和双光束两种类型。单光束系统将分光器产生的单色光直接照射到样品上，光路简单，成本低，但易受光源波动的影响，数据易漂移，不适合高精度测定和多样品检测。双光束系统通过半反射镜将单色光分成两束，分别通过样品池和参比池。样品池用于测定样品，参比池用于校正仪器引起的漂移，提高测量精度（图 2-1）。

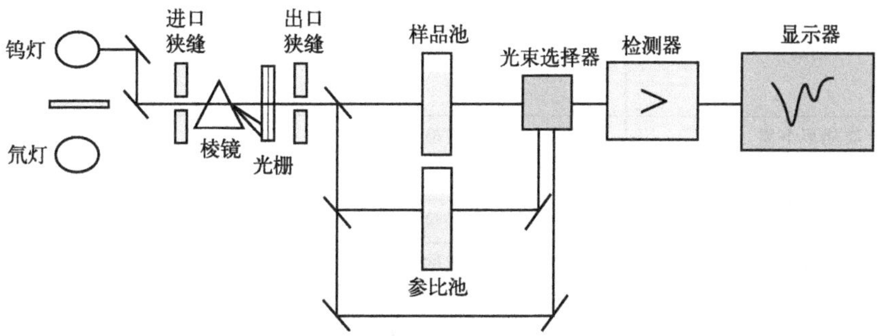

图 2-1 双光束分光光度计的光学结构

科学研究实验中常使用微量分光光度计（NanoDrop），其检测原理与传统紫外-可见分光光度计相同，但具有明显的优势：所需样品量极少，仅需 1～2μL 样品，即可快速完成对 DNA、RNA 和蛋白质的定量分析。在基因组 DNA 制备过程中，RNA 污染是分子生物学实验中的常见问题。传统的紫外吸光度技术无法有效区分 DNA 和 RNA，因为两种核酸的最大吸收波长均为 260nm。NanoDrop 配备的智能样品分析软件能够进行全光谱分析，通过剔除 RNA 数据的影响，计算并校正得到精确的 DNA 浓度。核酸的准确定量是分子生物学实验的重要基础环节，对于基因测序、PCR（聚合酶链式反应）、RT-PCR（逆转录 PCR）、克隆、转化以及后续实验至关重要。NanoDrop 的高灵敏性和便捷性，为这些实验的前期准备提供了极大的便利。

3. 紫外-可见吸收光谱的检测应用

紫外-可见吸收光谱仪主要用于定量检测和纯度分析。依据朗伯-比尔定律，通过测定基准溶液的吸光度制作标准曲线，再将待测溶液的吸光度与标准曲线比较，推算出溶液中溶质的含量。在生物大分子的定量分析中，比色法主要分为以下三种类型。一是直接比色检测，当分子中含有生色基团或显色离子时，溶液可配制成相应浓度后直接比色检测，如血红蛋白、血蓝蛋白和铁蛋白等。二是化学反应显色后检测，生物分子与某些化学试剂（如双缩脲试剂、福林酚等）反应显色后再进行比色检测。三是染料染色后检测，生物分子与染料（如考马斯亮蓝 G250）结合染色后进行比色检测。

此外，利用生物大分子中特殊的紫外吸收基团可进行比色测定。例如，蛋白质中由于芳香族氨基酸在 280nm 处具有最大吸收峰，可通过此吸收峰测定蛋白质浓度。核酸分子的碱基在 260nm 处具有最大吸收峰，可通过此吸收峰测定核酸浓度。需要注意的是，如果样品中含有与被测物质在相同波长范围内具有吸收峰的杂质，可能会干扰实验结果。此外，核酸分子的吸光度会因结构变化（如双链解链成单链、单链缩短至多核苷酸或游离核苷酸）而增加，这是碱基暴露增多导致的增色效应。

常用比色法和紫外吸收法检测的物质种类见表 2-1。

表 2-1　常用比色法和紫外吸收法检测的物质种类

测定物质	试剂	波长/nm
蛋白质	福林酚	660
	双缩脲	540
	考马斯亮蓝	595
	直接检测	280
葡萄糖	3,5-二硝基水杨酸	540
辅酶	直接检测	438(FAD)
		340(NADH)
		260(NAD^+)
类胡萝卜素	直接检测	400
DNA	二苯胺	595
	直接检测	260
RNA	地衣酚(或称苔黑酚)	670

核酸还可以通过 A_{260} 和 A_{280} 的比值来判断纯度。高质量核酸 A_{260}/A_{280} 比值在 1.8～

2.0 范围内，蛋白质 A_{260}/A_{280} 比值在 2.0～2.5。

蛋白质浓度可用下式估算：蛋白质浓度＝$(1.55\times A_{280}-0.76\times A_{260})$(mg/mL)。

不同类型核酸在 260nm 吸光度为 1 时的浓度换算关系如下：双链 DNA，50μg/mL；RNA，40μg/mL；单链 DNA，33μg/mL；寡核苷酸，20～30μg/mL。

在某些检测应用中，分光光度计测量的并非光的吸收，而是光的散射吸收。光谱仪记录的是表观吸光度，其观测参数称为光密度（OD）。光密度值的测定常用于评估细菌培养物的生物量。大多数生化实验室会使用通用紫外-可见光谱仪，通过检测 OD 值来估算细菌细胞的生长状态和大致生物量。

4. 紫外-可见吸收光谱分析条件和影响因素

在紫外-可见吸收光谱分析中，最佳测定条件对于提高方法的灵敏度和准确度至关重要。显色反应检测要求生成的有色溶液具有理化性质稳定、条件易控制、重复性和对照性良好的特点。此外，反应物和生成物的最大吸收波长之差应大于 60nm。在检测过程中，参比溶液需与被测组分在相同条件下处理，以确保结果的准确性。

所有检测仪器均存在一定的测量误差，例如光源波动、电源不稳定、光电倍增管老化等，可能导致参数重现性差或数据不准确。样品浓度过高或过低会引起较大误差，需选择适当的吸光度范围。根据朗伯-比尔定律通过求导可知，当吸光度 $A=0.434$ 时，测量误差最小。若仪器读数误差为 1%，为将总测量误差控制在 5% 以内，透光率应保持在 10%～70%，对应吸光度范围为 0.15～1.00。可通过调整样品浓度或使用不同光程的比色池，将透光率控制在最佳范围内。

此外，还需选择合适的检测波长和狭缝宽度。通常，狭缝宽度为试样吸收峰半宽度的 1/10 时效果最佳。波长误差与单色器的质量密切相关，误差越小，仪器精度越高。同时，显示读数位数与检测系统相关，显示位数越多，仪器精度越高。

溶液吸光度的变化也受温度和 pH 的影响。一般在室温条件下检测，当温度变化较小时，对溶液的吸光度影响不大。但当温度低于 10℃时，吸光度可能比室温高 10%，某些化合物的吸光度甚至可能增加 50%。在不同 pH 的溶液中，物质的解离程度不同，吸光度会随之变化，其最大吸收峰的波长位置和吸收强度也会发生变化，从而影响溶液的吸光度。

二、荧光光谱及其检测原理与应用

1. 荧光光谱及其检测原理

当物质分子被光照射后，吸收光量子，分子能级从稳定基态跃迁到较高能级，进入不稳定的激发态。在从激发态回到基态的过程中，多余的能量以光的形式释放，形成荧光光谱，因此荧光光谱属于分子发射光谱。由于一部分能量以热的形式释放，发射光的能量减少，波长变长。通常情况下，荧光光谱的发射波长较激发光谱更长（图 2-2）。

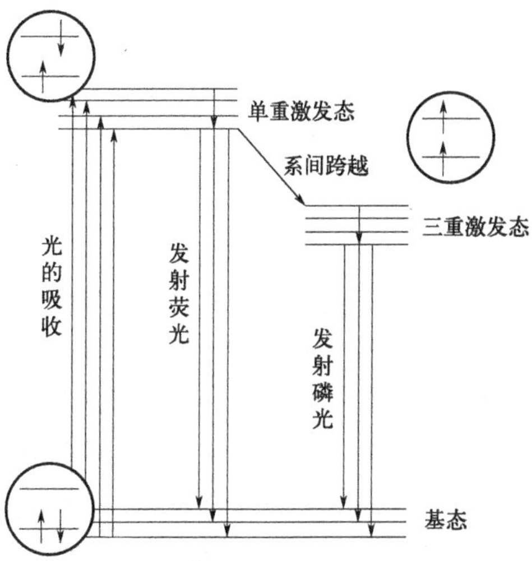

图 2-2 荧光光谱产生的机制

荧光检测原理基于上述荧光现象，即被检测物质在激发光波的作用下从基态跃迁到激发态，再从激发态回到基态，同时发出荧光。荧光分析具有高专一性和高灵敏度，与吸收光谱相比，在相同浓度下，荧光检测的灵敏度通常高2～4个数量级，因此其应用范围非常广泛，例如荧光强度与物质浓度呈线性关系的定量分析、荧光成像等。

2. 荧光分光光度计的基本结构

荧光分光光度计是荧光光谱分析中常用的仪器之一。其光源发出的连续光谱经过单色器产生单色激发光，照射样品后产生连续荧光光谱，再通过荧光单色器筛选出单色荧光，经光电倍增管转换为电信号，最终显示在计算机或其他显示设备上（图2-3）。

荧光分光光度计的主要组成部分如下。

光源：通常使用150W氙灯，可发出强度大且稳定的连续光谱。

激发单色器：筛选出特定波长的光作为激发光，照射样品。

狭缝：设置在激发光源与荧光检测器之间，用于过滤和限制光线传输。狭缝宽度调节影响灵敏度和分辨率，宽度增加可提高灵敏度，但可能降低分辨率；宽度减小有助于识别光谱细小峰值，但会增加噪声。

样品室：激发光照射样品，样品产生荧光。实验通常使用不产生荧光的石英比色池。

荧光单色器：对样品发出的荧光进行筛选，排除其他波长的光和噪声。

放大器：将荧光信号转换为电信号并传输至显示设备。

荧光分光光度计配备两个单色器，分别用于调节激发光波长和分析荧光发射波长，可测量激发光谱和发射光谱两种类型的光谱。

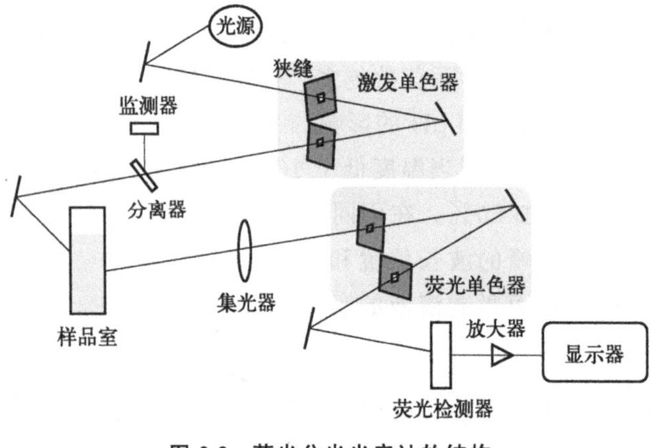

图2-3 荧光分光光度计的结构

3. 荧光分光光度计的应用

荧光分光光度计用于荧光定量分析的计算方法主要包括标准曲线法和内标法。标准曲线法类似于紫外-可见分光光度法，将已知浓度的标准荧光物质制备成标准溶液，绘制荧光强度与浓度的标准曲线。在相同条件下测定样品的荧光强度，根据标准曲线计算样品浓度。内标法是在一定浓度范围内，选择适当的标准样品浓度，将其荧光强度与未知样品在相同条件下的荧光强度进行比较，计算样品浓度。

根据被检测物质的信号来源，可通过直接法或间接法进行定量分析。直接法利用待测物质自身的荧光信号进行检测分析。检测不具有荧光特性的物质时，可通过与荧光染料或量子点结合赋予其荧光性质。通过荧光强度与物质浓度的线性关系，计算待测物质的浓度或含量。如刘长霞课题组用 ZnS 量子点荧光特性检测蛋白质含量，图 2-4 显示了 ZnS 量子点与蛋白质浓度之间的荧光光谱及其标准曲线。

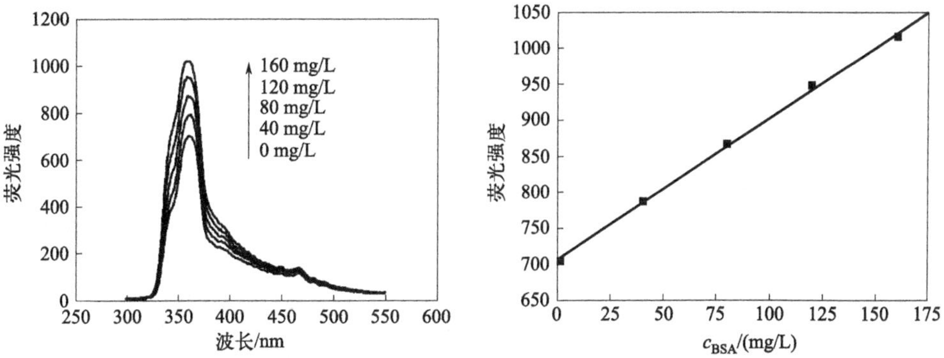

(a) 不同BSA浓度下ZnS量子点的荧光发射光谱曲线　(b) 荧光强度与BSA浓度的线性关系

图 2-4　BSA（牛血清白蛋白）浓度对 ZnS 量子点荧光强度的影响

4. 荧光分光光度计的分析条件和影响因素

荧光光谱的强度受以下因素影响：

(1) 扫描速率　高扫描速率可提高效率，但可能降低信号强度和光谱精度，增加噪声并导致光谱失真。低扫描速率可获得更准确的光谱信息，但速度较慢。高性能仪器可在高速扫描时保证数据的准确性。

(2) 灵敏度　灵敏度反映仪器对微弱信号的检测能力，是低浓度样品测量的关键。信噪比（S/N）在相同测定条件下进行比较更有意义。

(3) 狭缝宽度　宽狭缝可提高灵敏度，但会降低分辨率；窄狭缝可优化分辨率，但可能降低信号强度。

(4) 温度控制　荧光团发射强度通常受温度影响。低温有利于提高荧光量子产率，从而增强荧光强度。大多数物质的荧光强度对温度的影响较小，测试温度变化不超过±3℃时，对结果的影响可以忽略。

5. 荧光分光光度法与紫外-可见分光光度法的比较

两种分析方法的差异见表 2-2。灵敏度的差异主要体现在低浓度检测时，紫外-可见分光光度计对低浓度样品的透光率变化不敏感，而荧光分光光度计通过检测荧光信号，灵敏度高，检出限可低 3 个数量级。

此外，由于大多数物质本身不具有荧光性，可直接测量的成分较为有限，因此通常需要通过预处理进行荧光染色，然而这一过程往往较为复杂。荧光强度值表示的是相对强度，没有具体的单位，即使在使用同一型号设备、检测相同样品的情况下，荧光光谱的形状不会发生变化，但荧光强度可能会出现一定程度的波动。相比之下，紫外-可见分光光度法具有更高的一致性，无论使用哪家制造商的设备进行测量，均可获得一致的数值结果。

表 2-2　荧光分光光度法与紫外-可见分光光度法的比较

分类	紫外-可见分光光度法	荧光分光光度法
原理	光吸收	荧光发射

续表

分类	紫外-可见分光光度法	荧光分光光度法
波长	照射波长与吸收波长相同	激发波长与发射波长不同
灵敏度	低	高
多组分分析	吸收波长相同的组分无法区分	吸收波长相同，荧光波长不同的组分可以区分

6. qPCR仪及检测应用

实时荧光定量PCR（quantitative real-time PCR，qPCR）技术是在PCR反应体系中加入荧光物质（荧光染料或荧光标记的特异性探针），通过实时监测荧光信号的积累，定量分析PCR反应过程。这种方法可以实时观察DNA的增幅，避免了传统PCR通过电泳等手段确认产物扩增情况的局限。

qPCR仪集成了PCR、荧光分光光度计和计算机处理三个主要组成部分。PCR反应模块包括一个非常灵敏的温度控制系统，由标准的96孔加热/冷却系统和加热盖组成，确保PCR反应的精确控制；荧光分光光度系统则主要包含激发光源、光学过滤器、透镜和检测系统；计算机控制系统用于编辑参数设置、反应控制、实时检测、数据采集、处理和管理等（图2-5）。

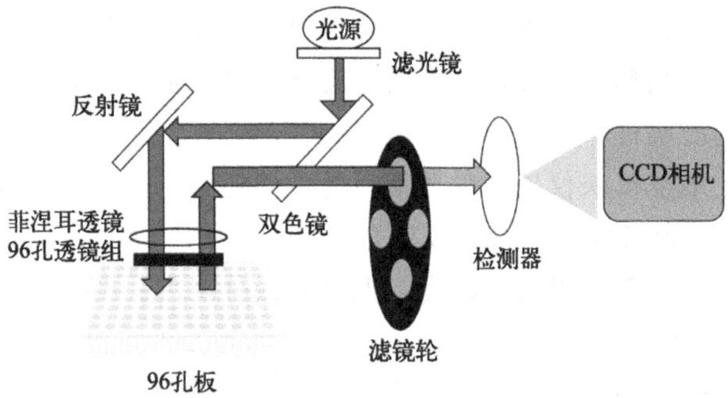

图 2-5　qPCR仪结构示意图

qPCR的原理是通过实时监测PCR产物的指数增长，定量测定模板DNA的数量，无需电泳，即时且准确。使用不同稀释倍数的已知DNA浓度进行PCR，横坐标为循环数，纵坐标为DNA指数增长量，从而制作扩增曲线。如刘长霞课题组以磁性Fe_3O_4@Al^{3+}粒子提取的噬菌体基因组DNA稀释成一定浓度梯度为模板，用于qPCR扩增［图2-6(a)］，根据对应的Ct值与DNA浓度对数值线性关系建立标准曲线，具有很好的线性关系，可用于未知样品的DNA浓度和基因组拷贝数的测定［图2-6(b)］。

基线是PCR反应初期的扩增信号，与噪声或背景信号相同，设备通常会自动判定并排除，偶尔需要手动重新设定。阈值（threshold）指比基线显著增加的信号水平，超过该阈值被判定为有效信号，一般仪器会自动设定，某些情况下需要手动调整。Ct值是阈值与样品扩增曲线交点的循环数，模板DNA量越多，PCR产物增加越快，Ct值越小，反之越大。Ct值是qPCR定量的关键参数，仪器会自动记录。指数增长曲线应平滑，如果出现锯齿状波形，可能是由于反应管内存在气泡等问题，或样品制备不当。各稀释系列的扩增曲线间隔应相等，如间隔不一致，则可能是稀释样品制备存在问题。

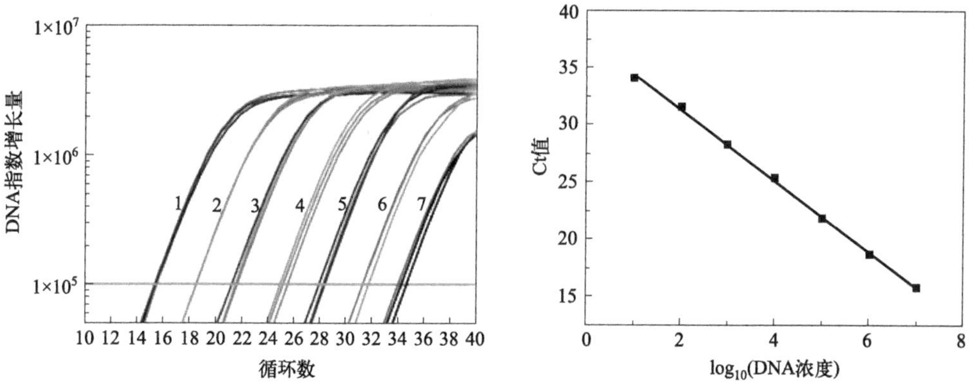

(a) qPCR标准曲线的扩增曲线(1~7为稀释10^1~10^7倍)　　(b) qPCR标准曲线图

图 2-6　不同噬菌体 DNA 浓度扩增曲线及其标准曲线图

qPCR 使用荧光试剂进行监测，主要有以下三种方法：

(1) 嵌合荧光检测法　在 PCR 反应体系中加入能与双链 DNA 结合并发出荧光的试剂（如 TB Green）。TB Green 与 PCR 反应合成的双链 DNA 结合，在激发光照射下发出荧光，通过检测荧光强度来监测扩增产物的生成量。此方法无须设计和合成目标基因的探针，节省时间和费用，但特异性较低，且需要通过解离曲线分析来区分引物二聚体或非特异性扩增。

(2) TaqMan 探针法　使用寡核苷酸探针，5′端修饰荧光物质，3′端修饰荧光猝灭物质，将其加入 PCR 反应体系。在退火阶段，探针与模板 DNA 特异性结合，在 DNA 链延长时，Taq DNA 聚合酶具有 5′→3′外切核酸酶活性，荧光物质被切割并释放，发出荧光。此法具备引物和探针的双重特异性，可进行高特异性检测，无须进行解离曲线分析，但需要为每个目标设计并合成特异探针（图 2-7）。

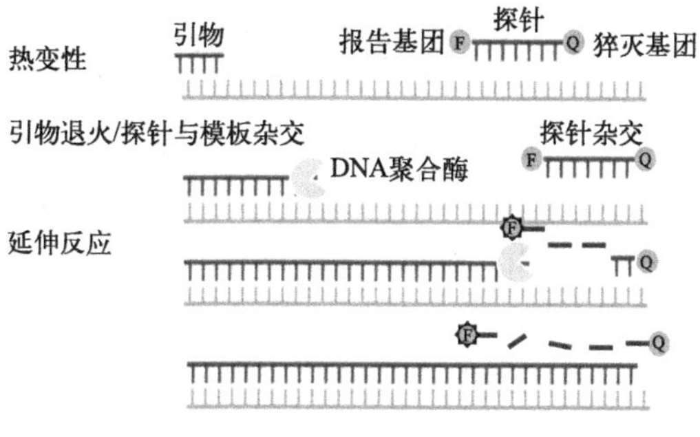

图 2-7　TaqMan 探针法检测 DNA 原理

(3) Cycling 探针法　利用 RNA 和 DNA 构成的杂交探针与 RNase H 结合使用的高灵敏度检测方法。Cycling 探针的 RNA 碱基一端标记荧光物质，另一端标记猝灭物质，当探针与扩增产物中的互补序列杂交后，RNase H 切断探针的 RNA 部分，解除猝灭抑制，发出荧光。如果探针 RNA 与模板不互补，RNase H 则无法切断探针。该方法能够高效检测扩增过程中的目标基因片段，并识别基因突变和单核苷酸多态性（SNP）。

此外，半导体量子点作为新型标记物，凭借其独特的光谱特性，如宽激发光谱、可调色和高稳定性，为生物荧光检测提供了新的选择。量子点与分子信标、荧光探针结合，如亲和素-量子点杂交、荧光量子点与“发夹分子”的荧光能量转移等，都展示了其在 DNA 检测中的潜力。

非荧光猝灭剂是指在某些信标或标记物设计中用于熄灭荧光的化合物，但它们本身不发出荧光。这些猝灭剂广泛应用于分子生物学和化学分析中的各种实验技术，如分子信标、荧光共振能量转移、荧光定量 PCR 等。

第二节 酪蛋白提取及其 Bradford 法定量

蛋白质的提取、分离与纯化是生物化学和生物技术领域的重要技术，在生物医药研究和产业应用中发挥着关键作用。针对不同类型的蛋白质，目前已有多种提取与分离方法，大致归纳如下。

① 基于分子大小的分离：常用方法包括离心、凝胶色谱、透析及超滤等。

② 基于溶解度差异的分离与纯化：采用等电点沉淀、盐析与盐溶、有机溶剂法、双水相萃取等技术。

③ 基于电荷特性的分离：主要方法包括电泳、离子交换色谱及等电聚焦技术。

④ 基于特异性配体亲和力的分离纯化：代表性方法为亲和色谱。

⑤ 其他分离技术：如高效液相色谱（high performance liquid chromatography，HPLC）和分子印迹技术等。

蛋白质的提取是开展蛋白质研究的基础，不同的蛋白质提取方法适用于不同类型的蛋白质及研究需求。在实际操作过程中，应根据实验目标选择合适的方法，并严格遵循实验规范，以确保提取蛋白质的质量和纯度，从而为后续的蛋白质分析和功能研究提供可靠保障。

Ⅰ. 酪蛋白的提取

酪蛋白（casein，CN），又称乳酪素，是一种重要的营养蛋白，广泛存在于牛、羊、骆驼及人类等哺乳动物的乳汁中。酪蛋白主要由四种单体组成，分别为 αs1-CN、αs2-CN、β-CN 和 κ-CN，其空间结构由 α 螺旋、β 折叠和 β 转角等构象共同构成，并以胶束形式悬浮于水相中。

酪蛋白因其高营养价值以及优异的功能特性（如乳化性、保水性、溶解性和发泡性）被广泛应用于食品工业中，如肉制品、烘焙食品、人造奶油、干酪及饮料等。此外，酪蛋白还可作为蛋白基载体，用于运输药物、多酚及黄酮类生物活性小分子，在生物医学和功能食品领域展现出广阔的应用前景。

一、实验目的

了解等电点沉淀法从牛奶中提取酪蛋白的方法，加深对蛋白质等电点性质的理解。

二、实验原理

酪蛋白是一种含磷蛋白的混合物，也是牛乳蛋白的主要成分，其含量约为 35g/L。酪蛋白在生理功能方面具有防治骨质疏松和佝偻病、调节血压、治疗缺铁性贫血，以及促进钙（Ca）、镁（Mg）及微量元素吸收等多种作用。

作为一种亲水两性电解质（含—COOH 和—NH_2 官能团），蛋白质的溶解度受溶液 pH 的影响。当 pH＝pI（等电点）时，蛋白质溶解度降低，发生沉淀。进一步加入脱水剂或加热，可增强蛋白质的絮凝沉淀作用。酪蛋白的 pI 为 4.7，因此当将牛乳 pH 调至 4.7 时，酪蛋白会析出形成沉淀。采用乙醇洗涤可去除沉淀中的脂类杂质，从而获得较纯的酪蛋白。

在 25℃条件下，酪蛋白微溶于水和有机溶剂，但可溶于稀碱和浓酸，且具有吸水溶胀的特性。

三、材料、试剂与仪器

1. 实验材料

牛奶。

2. 实验试剂

醋酸、98% 乙醇和无水乙醇。

醋酸缓冲液（0.2mol/L，pH 4.6）配制：先配 A 液与 B 液。A 液为 0.2mol/L 醋酸钠溶液，称取 $CH_3COONa \cdot 3H_2O$ 27.22g，定容至 1L。B 液为 0.2mol/L 醋酸溶液，称取纯醋酸（含量大于 99.8%）12.0g，定容至 1L。取 A 液 490mL、B 液 510mL 混匀，用 B 液小心调 pH 至 4.6。

3. 实验仪器

移液器、恒温水浴锅、TD4 台式低速离心机、pH 计、量筒、烧杯、玻璃棒等。

四、实验步骤

① 将 15mL 牛奶加热到 40℃；在搅拌下慢慢加入预热到 40℃、pH 4.6 的醋酸缓冲液 15mL；用 pH 计或精密 pH 试纸调至 pH 4.7。

② 冷却至室温，3500r/min 离心 10min，弃上清液，得酪蛋白粗品。

③ 沉淀中加入去离子水 10mL，搅拌均匀，3500r/min 离心 10min，弃上清液。

④ 重复上述步骤③。

⑤ 沉淀中加入 5mL 98% 乙醇，搅拌均匀，3500r/min 离心 10min，弃上清液，加入无水乙醇洗涤一次，作用时间不少于 5min。

⑥ 沉淀摊在表面皿上蒸干，得酪蛋白纯品。

⑦ 分析天平称重，计算含量和得率。

五、结果与分析

$$\text{酪蛋白含量(g/mL)} = \text{测得提取酪蛋白质量} / \text{牛奶体积}$$

$$\text{得率} = \text{测得含量} / \text{理论含量} \times 100\%$$

式中理论含量为 3.5g/100mL。

根据实际计算的含量和得率，合理分析实验结果。

六、注意事项

① 实验过程中，pH 调节一定要准确，用 pH 计测定。
② 提取过程使用的乙醇是挥发性、易燃的有机溶剂，操作时请注意通风。

七、思考题

简述蛋白质药物分离提取方法。

Ⅱ. Bradford 法测定蛋白质含量

蛋白质的常规检测方法主要包括凯氏定氮法、分光光度法、电化学检测法以及 HPLC 法等。其中，考马斯亮蓝法（Bradford 法）是分光光度法的一种，是一种灵敏度高、测定快速、操作简便、受干扰物质影响较小的微量蛋白质检测方法，广泛应用于生物化学与分子生物学研究。

一、实验目的

① 掌握 Bradford 法测定蛋白质含量的原理及方法。
② 了解分光光度计的使用方法及注意事项。

二、实验原理

考马斯亮蓝 G250 与蛋白质中的碱性氨基酸（尤其是精氨酸）和芳香族氨基酸残基结合时，形成蓝色的蛋白质-色素复合物，并伴随其最大吸收波长从 465nm 转移至 595nm。在特定的蛋白质浓度范围内，该复合物的吸光度与蛋白质含量呈正比，因此可用于蛋白质的定量测定。

蛋白质与考马斯亮蓝 G250 结合的过程在约 2min 内达到平衡，反应迅速，且所得复合物在室温下可保持 1h 的稳定性。

三、材料、试剂与仪器

1. 实验材料

未知浓度的蛋白溶液。

2. 实验试剂

磷酸盐缓冲液（PBS）(10mmol/L，pH7.4)：称取 7.95g NaCl、0.20g KCl、2.9g $Na_2HPO_4 \cdot 12H_2O$ 和 0.27g KH_2PO_4，溶于 800mL 去离子水中，定容至 1L。

0.2mg/mL 牛血清白蛋白（BSA）标准溶液：称取 0.1g BSA，溶于 40mL PBS（10mmol/L，pH7.4）中，定容至 50mL。

考马斯亮蓝 G250 溶液：考马斯亮蓝 G250 100mg 溶于 50mL 95%乙醇中，加入 100mL 85% H_3PO_4，用去离子水定容至 1L。最终试剂中含有 0.01% G250，4.75%乙醇，8.5%磷酸。注意 H_3PO_4 有腐蚀性，戴好护目镜、手套，在通风橱中操作。

3. 实验仪器

紫外-可见光分光光度计、比色皿、移液器、试管等。

四、实验步骤

1. 标准曲线的绘制

将 6 支 10mL 试管编号，按表 2-3 依次加入各试剂，每加一种都要混合均匀（平行 3 组）。

表 2-3　蛋白质标准曲线试剂及反应

管号	空白	1	2	3	4	5
标准 BSA 溶液(0.2mg/mL)/μL	0	100	200	300	400	500
去离子水/μL	500	400	300	200	100	0
计算各管 BSA 溶液浓度/(μg/mL)	0	40	80	120	160	200
1×考马斯亮蓝 G250/mL	5	5	5	5	5	5
显色反应	混匀,室温放置 5min					
测定 A_{595}	0					

以 BSA 浓度为横坐标，以吸光度 A_{595} 为纵坐标绘制标准曲线。

2. 未知蛋白样品中蛋白质含量测定

取未知蛋白溶液 500μL，加入 1×考马斯亮蓝 G250 5mL，室温放置 5min，测定 A_{595}（需做 3 个平行试管）；根据待测样品的 A_{595} 值，利用标准曲线计算蛋白质含量，进而计算出未知蛋白溶液的浓度。

五、结果与分析

根据标准曲线求出样品中蛋白质的含量，根据实际情况合理分析实验结果。

六、注意事项

① 显示后 2h 内比色测定，各管显示到比色时间尽可能一致。

② 若用坐标纸作图则无相关系数，用作图软件则有模拟方程和相关系数。

七、思考题

蛋白质含量检测方法有哪些，各有何优缺点？

第三节
蛋白酶活力的测定——福林-酚法

酶是一种天然催化剂，与化学催化剂相比，通常具有独特且卓越的催化性能。绝大多数天然酶是具有催化功能的蛋白质，少部分为 RNA。酶对底物具有良好的专一性，催化反应效率高，并且具有空间选择性。

蛋白酶是催化蛋白质肽链水解的一类酶的总称，种类繁多。在实际应用和分析研究中，通常根据其来源、作用类型和适用环境进行分类。由于其独特的催化功能，蛋白酶被广泛应用于食品、化工、医药等多个领域。

一、实验目的

① 掌握蛋白酶活力测定的基本原理与方法；

② 了解由酶反应初速度测定样品中酶含量的意义。

二、实验原理

蛋白酶水解酪蛋白可生成酪氨酸，其酚羟基在碱性条件下能够还原福林-酚（Folin-酚）试剂中的磷钼酸盐和磷钨酸盐，生成蓝色化合物（钼蓝和钨蓝的混合物），并在680nm处具有最大吸光度。该吸光度与酪氨酸含量呈正比，因此可用于蛋白酶活性的测定。

酶活力反映了酶催化特定化学反应的能力，酶活力单位是衡量酶催化能力的重要指标。本实验规定，在一定条件下，以酪蛋白为底物，每分钟催化水解产生1μg酪氨酸所需的酶量，定义为一个酶活力单位。

酶比活力指每毫克蛋白所含的酶活力单位，通常以U/mg（溶液中为U/mL）表示。酶比活力可用于评估酶的纯度。

三、材料、试剂与仪器

1. 实验材料

中性蛋白酶、酪蛋白。

2. 实验试剂

酪氨酸、Na_2CO_3溶液、Folin-酚试剂、中性蛋白酶、酪蛋白、TCA（三氯乙酸）。

PBS（10mmol/L，pH 7.4）配制方法见本章第二节。

80μg/mL标准酪氨酸溶液：称取80mg酪氨酸，溶于800mL PBS中，定容至1L。

0.4mol/L Na_2CO_3溶液：称取Na_2CO_3 42.4g，去离子水溶解，定容至1L。中性蛋白酶溶液：称0.5g中性蛋白酶，加入50mL PBS，室温搅拌30min，抽滤；再加入40mL PBS，室温搅拌30min；两次溶液合并定容至100mL，稀释30倍备用。

0.4mol/L TCA溶液：TCA 6.51g，去离子水溶解，定容至100mL。

酪蛋白溶液：酪蛋白1g，加入100mL PBS，70°水浴搅拌30～60min，定容至500mL。

3. 实验仪器

恒温水浴锅、TD4台式低速离心机、紫外-可见光分光光度计、移液器、计时器等。

四、实验步骤

1. 酪氨酸标准曲线的制作

将6支试管编号，按表2-4依次加入试剂，每加一种都要混合均匀。

表2-4 酪氨酸标准曲线试剂及反应

管号	空白	1	2	3	4	5
标准酪氨酸溶液(80μg/mL)/mL	0	0.2	0.4	0.6	0.8	1
去离子水/mL	1	0.8	0.6	0.4	0.2	0

续表

管号	空白	1	2	3	4	5
0.4mol/L Na_2CO_3 溶液/mL	5	5	5	5	5	5
Folin-酚试剂/mL	0.5	0.5	0.5	0.5	0.5	0.5
显色反应	混匀,40℃水浴 20min					
冷却至室温,测定 A_{680}						

2. 蛋白酶活力测定(按表 2-5 操作)

① 将 4 支试管编号，每管中加酶溶液 1mL，空白管作对照，其他 3 管为待测样品管。

② 空白管在加酶溶液后应立即加入 0.4mol/L TCA 溶液 2mL，使活性酶在未接触到底物前即已失活。另 3 支样品管再加入 1mL pH 7.2 的酪蛋白溶液作为底物，迅速混匀，并立即放入 40°水浴中准确计时（用秒表），保温 10min。

③ 酶促反应时间完成，迅速向 3 支样品管中加入 0.4mol/L TCA 溶液 2mL，以终止酶反应。同时向空白管中加入 1mL 底物，摇匀。为了使蛋白质沉淀完全，4 支试管再放入 40℃水浴内保温 10min，取出立即 3000r/min 离心 10min，除去剩余的酪蛋白及酶蛋白。

④ 然后取各管滤液 1mL 分别移入另 4 支编号的试管中，各加入 0.4mol/L Na_2CO_3 溶液 5mL，再加入 Folin-酚试剂 0.5mL，迅速混匀，置 40°水浴中显色 20min，流动的冷水冷却，测定 A_{680}。

表 2-5 蛋白酶活性测定各试剂及反应

管号	空白	1	2	3
酶溶液/mL	1	1	1	1
0.4mol/L TCA 溶液/mL	2	0	0	0
酪蛋白溶液/mL	0	1	1	1
水解反应	混匀,40℃水浴 10min			
0.4mol/L TCA 溶液/mL	0	2	2	2
酪蛋白溶液/mL	1	0	0	0
除蛋白	40℃水浴,放置 10min,3000r/min 离心 10min			
酶解滤液/mL	1	1	1	1
0.4mol/L Na_2CO_3 溶液/mL	5	5	5	5
Folin-酚试剂/mL	0.5	0.5	0.5	0.5
显色反应	混匀,40℃水浴 20min			
冷却至室温,测定 A_{680}				

五、结果与分析

蛋白酶活性的计算如下。

蛋白酶活力单位的定义：1g 酶粉，在 40℃、pH7.2 条件下，每分钟水解酪蛋白产生酪氨酸的质量（μg）。

$$蛋白酶活力=\frac{4cN}{10}$$

式中 c——根据标准曲线计算吸光度所对应的浓度，μg/mL；

4——离心管中反应液的总体积，mL；

10——反应 10min；

N——稀释倍数。

六、注意事项

① 终止酶反应加入 TCA 时，应迅速、及时、准确，以减少人为误差；

② 酪蛋白的质量对测定结果影响较大，配制此标准液应保存于 4℃冰箱中，以防变质，保质期为 3d；

③ 实验控制好反应条件，如温度、pH、反应时间、酶溶液用量等影响酶活力的条件；

④ 粗酶制剂因含蛋白质及少量的氨基酸等，酪蛋白在保温无酶的作用下，也有少量的氨基酸，所以必须做空白实验；

⑤ 酶液应现配现用。

七、思考题

① 什么是酶活力、酶比活力？

② 酶如何保存可以长期保持活性？

第四节
3,5-二硝基水杨酸比色法测定还原糖和总糖含量

糖类与蛋白质、脂类共同构成生命活动必需的能源物质，是生物体维持生命活动的主要能量来源，同时也是生物体内重要的结构物质和活性分子，并在细胞识别与信息传递过程中发挥重要作用。从化学结构上看，糖类是多羟基酮类或醛类化合物及其缩聚物和衍生物。根据聚合程度及与其他大分子共价结合的情况，可将糖类分为单糖、寡糖、多糖和复合糖。

目前，糖类的检测方法种类繁多，包括滴定法、分光光度法、高效液相色谱法、红外光谱法、气相色谱法（gas chromatography，GC）、旋光法及酶标仪法等。其中，分光光度法通过将糖类物质完全水解为还原糖，使其与特定显色剂反应生成在紫外-可见光范围内具有最大吸收峰的有色化合物，再依据标准曲线方程计算还原糖的含量。常用显色剂包括 3,5-二硝基水杨酸（DNS）、苯酚-硫酸及蒽酮-硫酸等。该方法操作简便、准确性高、重复性好，且仪器设备成本较低，因此被广泛应用。

一、实验目的

掌握 3,5-二硝基水杨酸比色法测定还原糖的基本原理及操作方法。

二、实验原理

在碱性条件下，还原糖与DNS试剂共热，DNS被还原为棕红色的3-氨基-5-硝基水杨酸，其最大吸收峰位于520nm处。在特定浓度范围内，吸光度与3-氨基-5-硝基水杨酸的浓度呈正相关，可通过标准曲线测定还原糖的浓度。

三、材料、试剂与仪器

1. 实验材料

小麦淀粉与葡萄糖混合均匀后作为实验样品。

2. 实验试剂

乙醇、6mol/L盐酸、碘化钾-碘、酚酞指示剂、NaOH、DNS试剂。

碘化钾-碘溶液：25.0g碘化钾，加入100mL温水，轻轻搅拌使之完全溶解；准确称取10.0g的碘晶体，加入已溶解的碘化钾溶液中，轻轻摇动，使之完全溶解；用去离子水定容至1L，保存在棕色玻璃瓶内。

酚酞指示剂：1g酚酞溶于100mL 95%乙醇中。

10g/100mL NaOH溶液：10g NaOH，溶于80mL去离子水中，定容至100mL。

1mg/mL标准葡萄糖溶液：称取100mg葡萄糖，溶于80mL去离子水中，定容至100mL。

DNS试剂：甲液，将6.9g结晶苯酚溶于15.2mL 10g/100mL NaOH溶液中，用去离子水稀释至69mL，在此溶液中加入6.9g $NaHSO_3$，混匀；乙液，将255g酒石酸钾钠溶于300mL 10g/100mL NaOH溶液中，再加入880mL 1%的DNS，混匀。将甲、乙二溶液混合即得黄色DNS试剂，储于棕色瓶中，放置7～10d后使用。在棕色瓶内保存，一年有效。也可以直接购买成品。

注意：凡是涉及酸、碱使用，都要戴好护目镜，戴好手套、口罩，在通风橱操作。

3. 实验仪器

恒温水浴锅、TD4台式低速离心机、旋转蒸发仪、紫外-可见光分光光度计、移液器。

四、实验步骤

1. 样品中还原糖的提取

① 准确称取1g样品放入250mL锥形瓶内，加入85%乙醇溶液25mL，混匀；

② 在50℃恒温水浴中保温30min后，过滤；

③ 将滤渣用85%乙醇再提取2次，每次5mL，将滤液合并；

④ 蒸去乙醇，降至室温；

⑤ 加少量水，完全移入100mL容量瓶中，用水稀释至刻度，备用。

2. 样品中多糖的水解与提取

① 准确称取样品0.5g，放入大试管中；

② 加入7.5mL去离子水混匀，再加入6mol/L盐酸5mL，混匀；

③ 在沸水浴中加热0.5h，取出少量，用碘化钾-碘溶液检查水解程度（若已水解，则不呈蓝色），若已水解，则冷却；

④ 加入 1 滴酚酞指示剂，用 10g/100mL 的 NaOH 溶液中和至微红色（酚酞变色范围 pH 8.2～10.0），过滤；

⑤ 将滤液定容至 50mL 的容量瓶中，再稀释 10 倍（取其中 5mL 定容到 50mL 容量瓶），测定。

3. DNS 定糖

① 葡萄糖标准曲线绘制：取 7 支试管，分别按表 2-6 依次加入各种试剂并混匀。

表 2-6　葡萄糖标准曲线试剂及反应

管号	空白	1	2	3	4	5	6
1mg/mL 标准葡萄糖溶液/mL	0	0.05	0.1	0.15	0.2	0.25	0.3
去离子水/mL	0.5	0.45	0.4	0.35	0.3	0.25	0.2
DNS 试剂/mL	0.4	0.4	0.4	0.4	0.4	0.4	0.4
含糖量/mg	0	0.05	0.1	0.15	0.2	0.25	0.3
显色反应	混匀，沸水浴加热 5min，取出后立即冷却至室温						
去离子水/mL	5	5	5	5	5	5	5
混合均匀，测 A_{520} 值							

② 样品检测：取 7 支试管，分别按表 2-7 依次加入各种试剂并混匀。

表 2-7　样品含糖量测定试剂及反应

项目	空白	还原糖			总糖		
管号	0	1	2	3	4	5	6
样品量/mL	0	0.25	0.25	0.25	0.25	0.25	0.25
去离子水/mL	0.5	0.25	0.25	0.25	0.25	0.25	0.25
DNS 试剂/mL	0.4	0.4	0.4	0.4	0.4	0.4	0.4
显色反应	混匀，沸水浴加热 5min，取出后立即冷却至室温						
H_2O/mL	5	5	5	5	5	5	5
混合均匀，测 A_{520} 值							

五、结果与分析

$$\text{计算还原糖含量}(\%)=\frac{\text{还原糖质量}(\text{mg})\times\text{总体积}(V_0)}{\text{样品质量}(m)\times\text{测定取样体积}(V)}\times 100\%$$

$$\text{总糖含量}(\%)=\frac{\text{查曲线获得水解还原糖含量}\times\text{总体积}\times\text{稀释倍数}(n)\times 0.9}{\text{样品质量}\times\text{测定取样体积}}\times 100\%$$

六、注意事项

① 待测液的含糖量一定要在标准曲线范围内；

② 还原性糖提取要用浓度较高的乙醇溶液，不用水提取，防止多糖水溶液加热水解，测定还原性糖量值偏高；

③ 水解样品时勿触底加热；

④ 检查水解程度勿将 I-KI 溶液倒入反应管中（取样检测）；
⑤ 酚酞显示微红色即可，勿加碱太多。

七、思考题

① 在样品的总糖提取时，为何要用浓盐酸处理，测定前为何要用 NaOH 中和？
② 简述多糖的分离纯化方法。

第五节 酵母细胞中 RNA 提取及其紫外分光光度法定量

RNA 由核糖核苷酸聚合而成，是具有特定三维结构的生物大分子，其主要生物学功能是参与蛋白质的生物合成。DNA 和 RNA 均为极性化合物，通常溶于水，而不溶于乙醇、氯仿、乙醚等有机溶剂。RNA 的钠盐在水中的溶解度较高，可达 4%。酵母细胞 RNA 含量较高，为 2.67%～10.0%，而 DNA 含量仅为 0.03%～1.516%，通常以酵母作为 RNA 提取的原料。

一、实验目的

掌握稀碱法提取酵母 RNA 的方法及其含量的测定方法。

二、实验原理

由于 RNA 的来源和类型多样，其提取方法也有所不同，常见方法包括苯酚法、去污剂法及盐酸胍法，其中苯酚法是实验室最常用的方法。该方法利用苯酚处理组织匀浆后离心，使 RNA 溶于上层被酚饱和的水相中，而 DNA 和蛋白质则留在酚层中。随后向水层中加入乙醇，RNA 以白色絮状沉淀析出，从而有效去除 DNA 和蛋白质。上述方法提取的 RNA 具有生物活性。

在工业生产中，RNA 的提取通常采用稀碱法和浓盐法。这两种方法提取的 RNA 均为变性 RNA，主要用于核苷酸制备，其工艺相对简单。浓盐法使用 10% 氯化钠溶液，在 90℃ 条件下提取 3～4h，然后迅速冷却，经离心后，取上清液用乙醇沉淀 RNA。稀碱法使用稀碱（本实验采用 1g/100mL NaOH 溶液）裂解酵母细胞，然后用酸中和去除蛋白质和菌体，含 RNA 的上清液可用乙醇沉淀（本实验采用此方法），或调节 pH 至等电点沉淀。

核酸分子中的嘌呤和嘧啶含有共轭双键，能够在 260～290nm 处强烈吸收紫外光，其最大吸收峰位于 260nm 处。相比之下，蛋白质的最大吸收峰位于 280nm 处。基于核苷酸的紫外吸收特性可利用紫外分光光度计进行核酸定量测定，同时也可检测样品中是否存在杂质蛋白。

三、材料、试剂与仪器

1. 实验材料

干酵母。

2. 实验试剂

NaOH、乙酸、95%乙醇、无水乙醇。

1g/100mL NaOH 溶液：1g NaOH，溶于 80mL 去离子水中，定容至 100mL。

0.5mol/L NaOH 溶液：2g NaOH，溶于 80mL 去离子水中，定容至 100mL。

注意：NaOH 溶液和乙酸应安全使用，戴好护目镜、手套，在通风橱中操作。

3. 实验仪器

恒温水浴锅、TD4 台式低速离心机、紫外-可见分光光度计、移液器、烘箱、石英比色皿。

四、实验步骤

1. 稀碱法提取酵母中 RNA

① 称取 2g 干酵母粉，放入 100mL 烧杯中，加入 20mL 1g/100mL 氢氧化钠水溶液，搅拌 30min。

② 30min 后，向①中加入少量乙酸调节 pH 至中性（切忌调节 pH 低于 3，RNA 的等电点为 2～2.5），用试纸或者 pH 计检查。

③ 将②全部转移至离心管中，3800r/min 离心 10min（最大装液量为离心管体积的 2/3，等分两个离心管进行离心）。弃沉淀（主要是细胞壁等碎片），留上清液（含有 RNA）。

④ 将上清液转移至干净的 100mL 烧杯中，加入 15mL 95%的乙醇，充分混匀，静置 10min。

⑤ 将④转移至离心管，3800r/min 离心 5min（一次离心管装不下，分两次离心），弃掉上清液，用 95%乙醇重悬，离心洗涤 1 次，无水乙醇洗涤 2 次，用量 5mL。

⑥ 将洗涤后的样品转移至干净的表面皿（已称重）上，95℃水浴蒸汽干燥（10min 左右），称重计算干酵母中 RNA 的含量。

2. 紫外吸收法测定提取 RNA 干粉中的核酸含量

① 称取实验步骤 1 中提取的 RNA 干粉 20mg，加入少量 0.5mol/L 的氢氧化钠水溶液溶解，然后加入去离子水，用 50mL 容量瓶定容。

② 以去离子水作空白，测 260nm 处的吸光度（A），计算提取的 RNA 干粉中的核酸含量。

五、结果与分析

$$\text{干酵母中 RNA 含量}=\frac{\text{提取的 RNA 样品质量(g)}}{\text{干酵母质量(g)}}\times 100\%$$

$$\text{提取样品中的 RNA 含量}(\mu g/g)=\frac{A_{260}V}{0.024m}\times N$$

式中，A_{260} 为 RNA 溶解液在 260nm 处的吸光度；N 为稀释倍数；0.024 为 1mL 溶液中含有 1μg RNA 的 260nm 处吸光度；V 为 RNA 溶解液的体积，mL；m 为 RNA 溶液中 RNA 的质量，g。

六、注意事项

① 乙酸具有刺激性气味，调节 pH 时取用需小心；
② 稀碱处理液离心结束后转移上清液时切忌将沉淀转移到烧杯中；
③ 样品干燥前尽量脱水干净，避免结块；
④ 酚酞显示微红色即可，勿加碱太多；
⑤ RNA 干粉较难溶解，需用玻璃棒充分搅拌；
⑥ 石英比色皿价格较高、易碎，需小心使用。

七、思考题

① 测定核酸含量的方法有哪些？各是什么检测机制？
② 如何评价提取核酸是否纯净？

第六节
酶联免疫吸附试验(ELISA)检测新冠病毒核衣壳蛋白

新冠病毒（SARS-CoV-2）的结构蛋白包括刺突（spike，S）蛋白、包膜（envelope，E）蛋白、膜（membrane，M）蛋白及核衣壳（nucleocapsid，N）蛋白。其中，N 蛋白具有高度保守性，在病毒复制过程中通过与病毒 RNA 结合形成复合体，并在 M 蛋白和 E 蛋白的作用下组装成病毒衣壳。因此，N 蛋白被广泛用作新冠病毒感染的标志物。

酶联免疫吸附试验（enzyme-linked immunosorbent assay，ELISA）是以体外抗原抗体反应为基础，将抗原抗体特异性反应与酶的高效催化作用相结合的一种高灵敏定量检测样本中某种抗原的方法。ELISA 有四种主要类型：直接法、间接法、竞争法和双抗体夹心法。ELISA 的灵敏度很高，能够检测非常低浓度的抗原或抗体。ELISA 常用于医学检测和生物学研究。

一、实验目的

① 掌握 ELISA 基本原理；
② 熟悉并操作 ELISA 法检测新冠病毒核衣壳抗原的步骤。

二、实验原理

双抗体夹心 ELISA 检测新冠病毒 N 蛋白的原理如下：首先，在 ELISA 板上吸附第一个特异性 N 蛋白抗体。随后，加入待测生物样本，其中的 N 蛋白会与吸附抗体结合。经过多次洗涤后，添加第二个特异性 N 蛋白抗体（即检测抗体）。检测抗体与 N 蛋白的不同表位结合，并通过酶（如辣根过氧化物酶，HRP）标记。接着，添加酶底物，酶催化反应生成可测信号，其颜色强度与样本中 N 蛋白的浓度成正比。通过酶标仪检测颜色强度，可量化样本中 N 蛋白的含量。

双抗体夹心 ELISA 利用两种特异性抗体，既提高了检测的特异性，又确保了实验的准确性。为保证结果可靠，需要优化并严格控制实验条件。此外，检测结果需与标准样品进行比较。

三、材料、试剂与仪器

1. 实验材料

N 蛋白配对抗体（货号为 HDS-A5090、HDS-A5089）、N 蛋白标准品（货号为 HDS-A5056）、待测新冠病毒模拟样本。

2. 实验试剂

HRP 标记抗体所需耗材和试剂：透析袋（截留分子量为 10000），N 蛋白单克隆抗体（HDS-A5089），二甲基亚砜（DMSO），辣根过氧化物酶，*N*-琥珀酰-*S*-乙酰基硫代乙酸酯（SATA），琥珀酰亚胺 4-(*N*-马来酰亚甲基）环己烷-1-羧酸酯（SMCC），0.22μm 微孔滤膜。

ELISA 所需耗材试剂：96 孔酶标板，显色液（TMB 显色试剂盒，4℃存放，现用现配）。

PBS：10mmol/L、pH7.4。KH_2PO_4 0.02g，$Na_2HPO_4 \cdot 12H_2O$ 2.9g，NaCl 8.0g，KCl 0.2g，加去离子水溶解，定容至 1L。

包被液为上述 PBS。

洗涤液（PBST）：含 0.05% Tween-20 的 PBS（10mmol/L，pH 7.4），500μL Tween-20 加入上述 1L PBS 中，混匀，室温保存。

封闭液：含 1% BSA 和 0.1% Tween-20 的 PBS。20mL PBS 中加 200mg BSA，20μL Tween-20，4℃贮存。

样品/抗体稀释液：1g BSA 加入 99mL 上述 PBS，4℃保存。

终止液：2mol/L H_2SO_4，量取 98%的浓硫酸 22.2mL，慢慢加入去离子水中，降至室温，定容至 200mL。

0.5mol/L 羟胺缓冲液：1.75g 羟胺，0.73g EDTA，溶于上述 100mL PBS 中。

注意：终止液和羟胺缓冲液配制过程中要戴好橡胶手套、护目镜，戴口罩，在通风橱操作。

3. 实验仪器

酶标仪（BioTek）、洗板机、磁力搅拌器、G-25 除盐柱。

四、实验步骤

1. 辣根过氧化物酶（HRP）标记单克隆抗体（HDS-A5089）

HRP 标记的抗体是一种广泛应用的生物试剂，其制备方法如下。

① 在使用前制备 10mg/mL SATA 溶液，溶剂为 DMSO。

② 抗体保存在 PBS（pH 6.5～7.5）中，浓度为 1～10mg/mL。每 1mg 抗体加入 1μL SATA 溶液。

③ 上述溶液在室温下搅拌，孵育反应 30min。激活的抗体可以在 4℃下保存，直至需要使用。

④ 每 10 倍体积抗体溶液中加入 1 倍体积羟胺缓冲液，在室温下搅拌，孵育反应 2h。

⑤ 使用 G-25 除盐柱对上述溶液进行脱盐，然后立即进行下面第⑧步反应，以尽可能减少二硫键的形成。

⑥ 每 1mg 抗体加入 1.1mg HRP；每 1mg HRP 添加 1.1mg SMCC；用 PBS 将 HRP 的最终浓度调整为 8mg/mL。磁力搅拌 2h。

⑦ 用 G-25 柱对 HRP 溶液脱盐。

⑧ 立即将第⑦步获得的 HRP 与第⑤步处理后的抗体以 1mg 抗体∶1mg HRP 的比例混合，在 4℃孵育 16～20h。

⑨ 在室温下用 PBS 进行 3 次透析，每 2h 更换一次 PBS。

⑩ 利用细菌过滤器对酶-抗体偶联物溶液进行灭菌，在 4℃下保存 30d。如需更长时间的储存，冻干后于－70℃储存。

2. 双抗体夹心 ELISA

基本原理是将定量的包被抗体以物理吸附方法固定于微孔板表面，依次加入待检样本、酶标检测抗体，最后用 TMB 底物显色，微孔板中颜色的深浅与待测物的浓度呈正相关。可采用以下操作步骤。

① 包被：PBS 作为包被缓冲液，将包被抗体用 PBS 稀释为 1ng/μL，按照 100μL/孔加入酶标板，保鲜膜覆盖顶层，4℃条件下孵育过夜，使包被抗体吸附至酶标板上。

② 洗涤：拍净孔内液体后按 300μL/孔加入洗涤液，沿同一方向洗板 3 次，2min/次。

③ 封闭：按 200μL/孔加入封闭液，保鲜膜覆盖顶层，37℃条件下孵育 2h。

④ 洗涤：拍净孔内液体后按 300μL/孔加入洗涤液，沿同一方向洗板 3 次，3min/次。

⑤ 结合：待测抗原和标准品分别按照 $1:10$、$1:10^2$、$1:10^3$、$1:10^4$、$1:10^5$、$1:10^6$、$1:10^7$、$1:10^8$ 稀释，共 8 个梯度，按 100μL/孔加入酶标板，保鲜膜覆盖顶层，37℃条件下孵育 1h。

⑥ 洗涤：拍净孔内液体后按 300μL/孔加入洗涤液，沿同一方向洗板 3 次，3min/次。

⑦ 结合：按 100μL/孔加入用抗体稀释液以 1∶8000 稀释的酶标检测抗体，保鲜膜覆盖顶层，37℃条件下孵育 50min。

⑧ 洗涤：拍净孔内液体后按 300μL/孔加入洗涤液，沿同一方向洗板 5 次，3min/次。

⑨ 显色：按 100μL/孔加入 TMB 显色液，铝箔纸覆盖顶层，室温或 37℃条件下避光孵育 10～20min。

⑩ 终止：肉眼明显观察到阳性孔出现较深的蓝绿色时按 50μL/孔立刻加入终止液，蓝绿色变为黄色。

⑪ 读数：用酶标仪检测其 OD_{450} 值。

五、结果与分析

使用 GraphPad Prism 软件绘制标准曲线，横坐标为 lg（稀释倍数），纵坐标为 OD_{450} 值。根据待测样品的 OD 值与标准品曲线的交点，可以推算出样品中目标抗原的浓度。计算公式为：

$$待测样品浓度=交点处标准品浓度\times 稀释倍数$$

六、注意事项

① 每组需做 3 个复孔。
② 洗涤需充分，尽可能甩干并在吸水纸上拍干孔中液体。
③ 验终止后 15min 内读数，时间过长孔内会出现沉淀影响数值。
④ 加样和洗涤时垂直悬空滴加，避免交叉污染。
⑤ 梯度稀释时注意吹打混匀。
⑥ 包被抗体、检测抗体最佳作用浓度因实验而异，通常为过量，需要通过预实验摸索。

七、思考题

简述双抗体夹心 ELISA 法检测新冠病毒 N 蛋白的原理及该检测方法的高特异性和高灵敏度是如何实现的。

第七节 qPCR 测定基因表达量

基于 DNA 染料结合法的 qPCR 技术，广泛用于测定基因表达量。该技术结合了 PCR 扩增与 DNA 染料的荧光信号监测，可以在扩增过程中实时测量 DNA 的数量变化，从而精确量化目标基因的表达水平。

一、实验目的

① 理解荧光染料法 qPCR 的原理；
② 掌握 PCR 相对定量的常用数据处理方式。

二、实验原理

PCR 反应在含有模板 DNA、引物、酶和核苷酸的反应体系中进行。在每个循环中，引物与模板 DNA 特异性结合，在适宜的温度下合成新的 DNA 链。随着循环次数的增加，目标 DNA 序列的数量呈指数增长。SYBR Green Ⅰ是一种结合于小沟中的双链 DNA 染料。在 PCR 反应体系中，SYBR Green Ⅰ荧光染料特异性地掺入 DNA 双链中，与双链 DNA 结合后发射荧光信号，而未掺入双链 DNA 的 SYBR Green Ⅰ染料分子则不会发射任何荧光信号，根据荧光信号变化可以实时检测 DNA 变化量，即 qPCR。qPCR 仪器能够在 PCR 反应过程中连续检测这些荧光信号，从而实时监测 PCR 产物的累积量。

在 qPCR 反应中，阈值信号水平显著高于计算出的基线信号水平。通过设置阈值，可以将相关的扩增信号从背景噪声中区分开来。qPCR 仪的软件通常将阈值自动设置为基线荧光值标准差的 10 倍，但阈值可以根据需要设置在 qPCR 反应的指数期中的任何点。通过设置荧光信号的阈值，可以计算出循环阈值（Ct 值）。Ct 值表示反应中荧光信号首次达到设定阈值所需的 qPCR 循环次数。目标基因的 Ct 值与其起始模板的浓度成反比，即模板量越多，Ct 值越小，反之则 Ct 值越大。通过 qPCR 技术，能够准确、快速、高通量地定量分析目标基因的表达水平，为分子生物学研究提供了重要的实验手段。

三、材料、试剂与仪器

1. 实验材料

DNA 模板为不同处理组的质粒或反转录后的 cDNA、0.2mL PCR 管、1.5mL 离心管、锡箔纸、冰盒。

2. 实验试剂

Taq SYBR® Green qPCR Premix 主要成分为 SYBR Green Ⅰ、热启动 Taq DNA 聚合酶、dATP、dCTP、dGTP、dTTP、KCl、Tris-HCl 和 $MgCl_2$。Taq SYBR® Green qPCR Premix 是 SYBR® Green Ⅰ嵌合染料法专用 qPCR 试剂，为 2×预混液，使用时利用 Nuclease-Free Water 稀释至 1×。

PCR 引物：基于目标基因和内参基因全序列设计，利用 BLAST 设计特定基因的引物对，体系中上下游引物的工作浓度均为 300nmol/L。

3. 实验仪器

台式离心机、涡旋振荡器、qPCR 仪器、微量移液器（2.5μL，20μL，50μL，100μL，200μL）。

四、实验步骤

1. qPCR 引物设计

以凋亡过程中核心蛋白酶 caspase-3 为例。

在 NCBI 数据库中选择“Gene”数据库，输入模板的物种来源及基因名字（见图 2-8），点击“Search”得到页面如图 2-9 所示。记录 NCBI 中 *CASP3* 基因 ID“836”。在 PrimerBank 数据库中选择物种来源及 NCBI Gene ID 并输入“836”后（见图 2-10），点击“Submit”得到页面如图 2-11 所示。得到 *CASP3* 上下游引物序列，可利用 NCBI 对引物的特异性进行检验，查看其特异性是否符合标准。

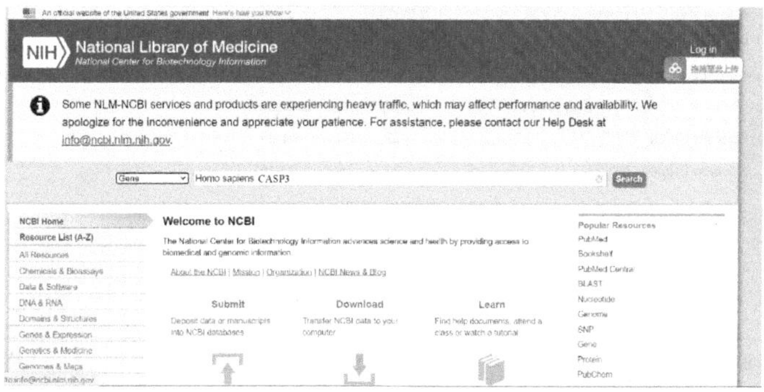

图 2-8　NCBI搜索页面

2. qPCR 体系设置

将 DNA 模板、Taq SYBR® Green qPCR Premix、Primer F、Primer R、ddH_2O 按表 2-8 中的使用量加入 PCR 管。

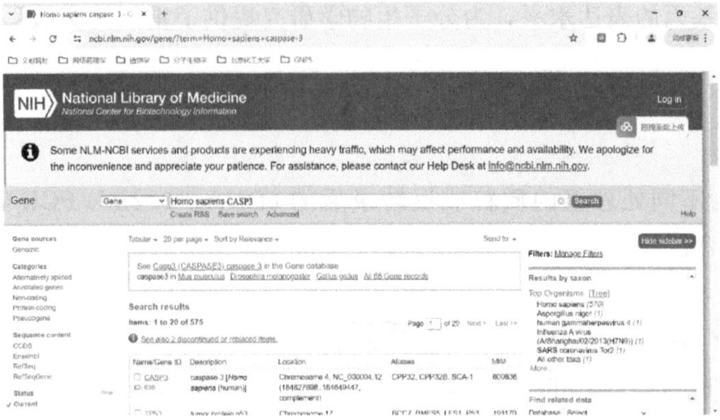

图 2-9 搜索 *Homo sapiens CASP3* 所获页面

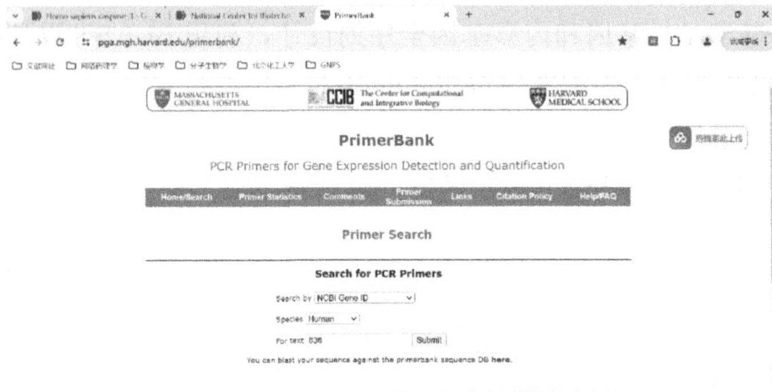

图 2-10 PrimerBank 搜索页面

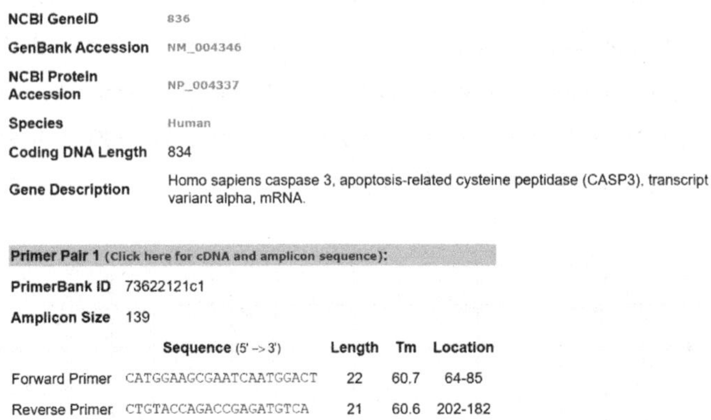

图 2-11 搜索*CASP3* NCBI ID 所获页面

表 2-8 qPCR 反应体系

试剂名称	使用量	终浓度
Taq SYBR® Green qPCR Premix	10μL	1×
Primer F(10μmol/L)	0.5μL	0.3μmol/L
Primer R(10μmol/L)	0.5μL	0.3μmol/L
DNA 模板	5μL	
ddH_2O	4μL	

因为 Premix 中预混有染料，其保存或反应体系配制过程中应避免强光照射；使用前上下颠倒轻混 Premix，请勿涡旋振荡，避免产生过多气泡；通用推荐的引物终浓度为 0.2μmol/L，反应效果不佳时可在 0.1～1μmol/L 范围内调整。充分混匀后暂存在冰盒中，按照孔板布局进行加样，各组别设置三个平行实验组，加样结束后涡旋振荡，短暂离心，上样。

3. qPCR 反应程序

PCR 程序设置：根据引物的 T_m 值，设置 PCR 程序，退火温度通常设置低于引物 T_m 值 5℃。具体程序如表 2-9。

表 2-9　qPCR 反应程序

步骤	温度	时间	
预变性	95℃	30s	
变性	95℃	10s	40 个循环
退火	55～65℃	10s	
延伸	72℃	30s	
熔解曲线	使用仪器默认采集程序		

4. qPCR 反应

将 PCR 混合液加入八连排中，将八连排放入 qPCR 仪器中，开始 PCR 反应并实时监测荧光信号。实验结束后导出各组对应 Ct 值。

五、结果与分析

利用 Ct 值计算不同样本中目标基因的相对表达量，使用 ΔΔCt 方法对样本中的包括对照样本和内参基因在内的实验样本的结果进行比较，对实验组表达量进行相对定量，具体计算方式如下：

$$倍数差异=2^{-\Delta\Delta Ct}$$

$$\Delta Ct_{样本}-\Delta Ct_{对照}=\Delta\Delta Ct$$

$$Ct_{GOI样本}-Ct_{内参样本}=\Delta Ct_{样本}$$

$$Ct_{GOI对照}-Ct_{内参对照}=\Delta Ct_{对照}$$

使用统计软件进行数据处理和统计分析，可以计算目的基因的相对表达量，比较不同组别基因表达水平的差异。qPCR 仪器显示见图 2-12，熔解曲线见图 2-13，Ct 值汇总统计见图 2-14，计算结果见图 2-15。

六、注意事项

① 在取用试剂和样品前及加样结束后均应当充分涡旋振荡，使试剂和样品充分混匀，避免误差。

② 取用不同的试剂及样本时移液器必须更换枪头，避免交叉污染干扰实验结果。

③ 在操作过程中需全程佩戴手套。

④ 贴壁加样，加样结束后充分离心，使用离心机时必须配平。

⑤ 操作过程应当全程在冰盒上进行，防止酶失活。

⑥ 微量移液器使用结束后应及时调回最大量程。

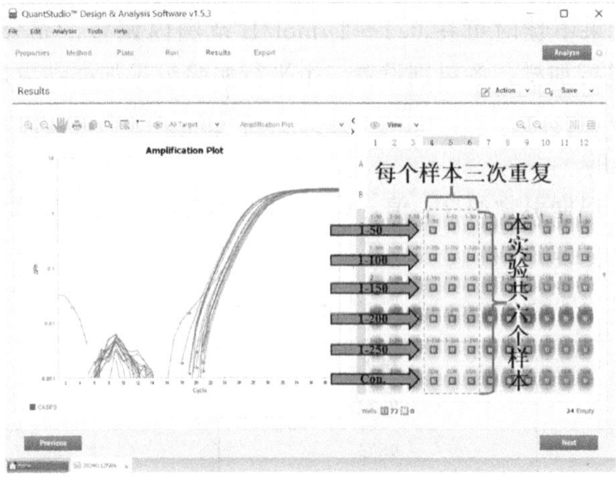

图 2-12 qPCR 仪器显示

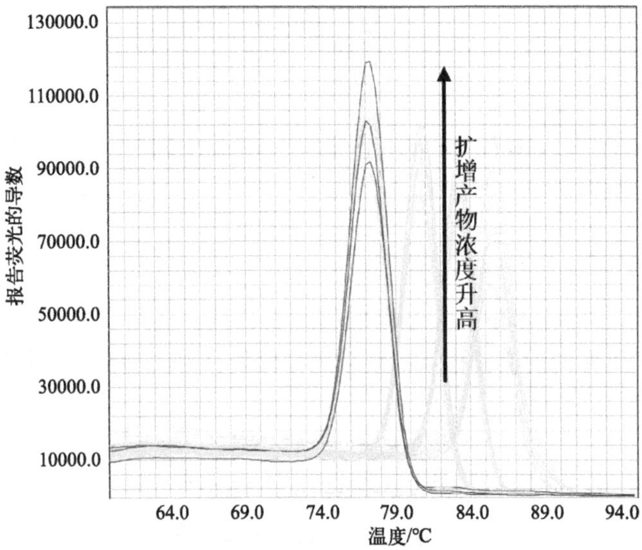

图 2-13 qPCR 熔解曲线

内参基因				目的基因			目的基因ΔCt	对照组ΔCt	ΔΔCt = 目的基因ΔCt - 对照组ΔCt	2^(-ΔΔCt)
CON	GAPDH	14.939		Con.	CASP3	26.461	11.7491025924683	11.4973548253377	0.2517477671305	0.83987832
CON	GAPDH	14.741		Con.	CASP3	26.187	11.4751901626587		-0.0221646626790	1.015482
CON	GAPDH	14.457	14.712	Con.	CASP3	25.980	11.2677717208862		-0.2295831044515	1.17249608
1-250	GAPDH	15.067		1-250	CASP3	24.214	9.34349918365479		-2.1538556416829	4.45015517
1-250	GAPDH	15.015		1-250	CASP3	24.356	9.48547840118408		-2.0118764241537	4.03306435
1-250	GAPDH	14.530	14.871	1-250	CASP3	24.485	9.61462497711182		-1.8827298482259	3.68772186
1-200	GAPDH	15.066		1-200	CASP3	24.444	9.42355918884277		-2.0737956364950	4.20992822
1-200	GAPDH	14.983		1-200	CASP3	24.419	9.39824867248535		-2.0991081528524	4.28443853
1-200	GAPDH	15.013	15.021	1-200	CASP3	24.815	9.79451751708984		-1.7028373082479	3.25540561
1-150	GAPDH	15.566		1-150	CASP3	25.534	10.0698456764221		-1.4275091489156	2.6898191
1-150	GAPDH	15.362		1-150	CASP3	25.505	10.0404820442200		-1.4568727811178	2.74512678
1-150	GAPDH		15.464	1-150	CASP3	25.611	10.1467461585999		-1.3506086667379	2.55019694
1-100	GAPDH	15.031		1-100	CASP3	26.217	11.231122970581		-0.2662318547567	1.20266251
1-100	GAPDH	14.922		1-100	CASP3	26.654	11.667579650879		0.1702248255412	0.88870418
1-100	GAPDH	15.006	14.986	1-100	CASP3	25.877	10.890960693359		-0.6063941319784	1.52244924
1-50	GAPDH	14.908		1-50	CASP3	26.415	11.6558685302734		0.1585137049357	0.89594762
1-50	GAPDH	14.751		1-50	CASP3	26.032	11.2728080749512		-0.2245467503866	1.16841011
1-50	GAPDH	14.619	14.759	1-50	CASP3	26.023	11.2639198303223		-0.2334349950155	1.17563075

Con.	1-50	1-100	1-150	1-200	1-250
0.839878	0.895948	1.202663	2.689619	4.209928	4.553725
1.015482	1.16841	0.888704	2.745127	4.284439	4.10623
1.172496	1.175631	1.522449	2.550197	3.255406	3.448183

图 2-14 qPCR 结果 Ct 值汇总结果

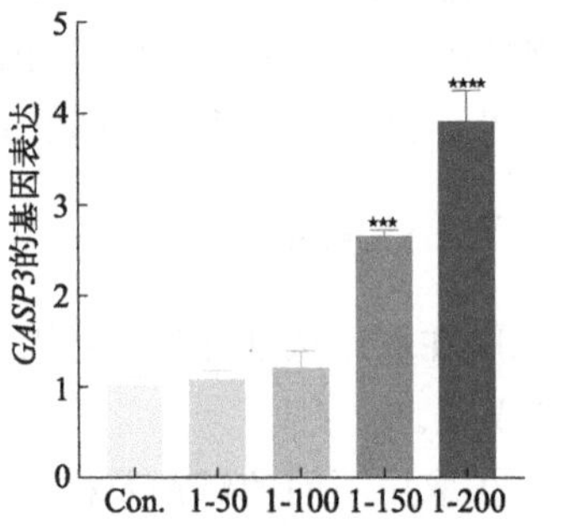

图 2-15 *CASP3* 在不同样本中表达情况

七、思考题

① 与传统 PCR 相比，定量 PCR 的优势体现在哪里？

② 一般将 Ct 值在 15～35 的数据认为是有效数据，请分别思考 Ct 值偏小和 Ct 值偏大可能的原因及改进方案。

第八节
qPCR 检测肠炎沙门菌噬菌体 STP4-a

肠炎沙门菌是一种常见的人兽共患病原菌，主要引起食源性疾病。由肠炎沙门菌引发的急性胃肠炎（食物中毒）在全球范围内呈上升趋势。近年来，随着沙门菌耐药性的增强，噬菌体及噬菌体编码的裂解酶作为新型抗菌剂受到广泛关注。

一、实验目的

① 理解 TaqMan 探针法 qPCR 的原理；

② 掌握 qPCR 仪的操作方法。

二、实验原理

噬菌体 STP4-a（GenBank 编号 KJ000058.2）是一种与 T4 噬菌体相似的双链 DNA 噬菌体，其基因组长度为 159914bp。用肠炎沙门菌培养 STP4-a 噬菌体，抽提 STP4-a 基因组 DNA，用 STP4-a 特异的引物和 TaqMan 探针进行 qPCR 检测，可用于评估 STP4-a 噬菌体的产量。TaqMan 探针法是一种高特异性和高灵敏度的核酸检测方法，并且能够进行多重检测。

三、材料、试剂与仪器

1. 实验材料

鼠伤寒沙门菌 ATCC 14028、噬菌体 STP4-a、0.22μm 滤膜。

TaqMan 探针：CGCCCCATGGACTTGTAAGACGC。

靶标序列标准质粒，靶序列为：TTCGCTGCTTTGGTTTCTGCTGCCTTCTCTGCCGCTAGTTTACGTGCTAACGCAGCTTCAATAATCGGCATTAAAATAGCATCAGATTTCATAATCTGATTAGAAATTTTCTTTGCATCGAGATTTAAGTGAGATTTAATTTCGCCCCATGGACTTGTAAGACGCTCTTTGGTTTGCGAGTCAAAGCG。

特异引物对如下。

引物-F：TTCGCTGCTTTGGTTTCTGC。

引物-R：CGCTTTGACTCGCAAACCAA。

2. 实验试剂

苯酚∶氯仿∶异戊醇（体积比 25∶24∶1）、3mol/L 乙酸钠、无水乙醇、Tris-HCl 缓冲液（10mmol/L，pH7.5）。商品 dNTP、Taq DNA 聚合酶及相应的缓冲液。

营养肉汤培养基配制：称取23g营养肉汤培养基加入1L去离子水中，加热搅拌至完全溶解，分装，121℃灭菌30min，备用。

3. 实验仪器

培养箱、qPCR仪、5425高速冷冻台式离心机、不同规格的移液器。

四、实验步骤

1. 噬菌体悬液制备

① 宿主活化：无菌条件下，取2mL营养肉汤培养基加入10mL无菌管中，加入10μL鼠伤寒沙门菌，37℃，200r/min培养8～10h。

② 增殖噬菌体：无菌条件下，取5mL营养肉汤培养基加入10mL无菌管中，加入100μL活化鼠伤寒沙门菌和100μL STP4-a噬菌体，37℃，200r/min培养8h。培养完成后，将培养液8000r/min离心2min，上清液采用0.22μm的滤膜过滤至无菌管中备用。

2. 噬菌体基因组DNA纯化

① 500μL噬菌体，加入同体积（500μL）的苯酚：氯仿：异戊醇（体积比25：24：1），上下颠倒混匀15s。

② 在室温下以13000r/min离心5min，用移液器小心地将上面的水相移到一个新的1.5mL离心管中。

③ 添加50μL（1/10体积）的3mol/L乙酸钠，轻轻混匀。添加1000μL（2倍体积）预冷至－20℃的无水乙醇。将样品保持在－20℃至少30min。

④ 在4℃以12000r/min离心15min，弃上清液。

⑤ 添加500μL预冷至－20℃的70%乙醇，轻轻吹打以使沉淀从离心管壁上脱落，在4℃以12000r/min离心5min，移除所有液体并让其空气干燥。

⑥ 使用50μL Tris-HCl缓冲液（10mmol/L，pH7.5）重新溶解沉淀，在－20℃冻存。

3. qPCR定量检测噬菌体DNA

① 试剂准备：待测DNA模板、靶序列标准质粒、特异引物对、TaqMan探针、dNTP、Taq DNA聚合酶及相应的缓冲液。

② 按照Taq DNA聚合酶厂家说明书，配制反应Mix，这一步需要在冰上操作。通常多采用20μL反应体系，包括DNA、引物对、探针、dNTP、Taq DNA聚合酶及相应的缓冲液。质粒标准品，梯度稀释5个滴度。每个梯度稀释的质粒标准品和每个待测样品都至少需要做3个平行孔。所有成分加完后，离心去除气泡。

③ PCR反应：采用实时定量PCR仪进行反应，不同厂家仪器的操作基本一致。这里的PCR反应参数为：预变性94℃，5min；变性94℃，30s；退火60℃，30s；延伸72℃，30s；扩增40个循环。

五、结果与分析

① 在qPCR仪配套软件上检查扩增曲线，获取标准品和样品的阈值循环次数（Ct）。Ct值是一个关键参数，表示实验中荧光强度首次超过设定阈值的循环次数。Ct值与起始浓度的对数呈线性关系。分析定量时一般取Ct为15～35。太大或太小都会导致定量的不准确。

② 绘制标准曲线，计算待测样本中靶序列拷贝数浓度：通过对已知浓度的质粒标准品进行 qPCR，可以绘制 Ct 值与靶标 DNA 初始数量之间的关系，从而为待测样本提供定量依据。

六、注意事项

① 反应体系中的待测样本上样量可能需要根据待测样本中靶标 DNA 的丰度进行调整。

② 一般情况下，需要根据所用的 Taq DNA 聚合酶、引物、探针等进行优化，以达到最佳反应体系。

③ 目前市场上的 Taq DNA 聚合酶多以 MasterMix 形式存在，使用时只需要加入引物和模板。切记不要反复冻融 MasterMix，如果经常使用，最好融化后 4℃保存。

④ 注意实验中涉及沙门菌和噬菌体的相关操作，戴好口罩、手套，在生物安全柜中进行操作，做好安全防护。

七、思考题

① 定量检测噬菌体核酸是否可以定量噬菌体数量？

② TaqMan qPCR 如何实现核酸检测的高灵敏度和极高特异性？

第三章

色谱技术

第一节
色谱技术的基本理论

色谱（chromatography）技术，又称层析技术，由俄国植物学家 Michael Tswett 于 1903 年首先创建，当时他用装填有碳酸钙吸附剂的柱子来分离植物叶子色素，各种色素以不同的速率通过柱子，彼此分开，形成易于区分的色素带，并由此得名。

色谱技术是一种广泛应用于化学、生物医学、药学、食品、环境等领域的分析方法，主要用于分离、鉴定和定量复杂混合物中的生物分子及无机化合物，从而更好地了解物质的结构和性质，同时为质量控制和疾病诊断等提供重要支持。

一、色谱法基本原理

色谱法是通过利用不同物质在不同相态的选择性分配，以流动相对固定相中的混合物进行洗脱，实现从两种或多种混合物中分离和纯化单一物质的一种技术。以柱色谱法为例，它是将具有不同理化性质的固定相载体（分离介质）填充于色谱柱中，通过流动相驱动混合物通过柱体，从而达到分离和纯化单一物质的目的（见图 3-1）。流动相通过固定相载体时，固相载体上特定的功能基团与溶质发生相互作用，从而分离具有不同性质的溶质。

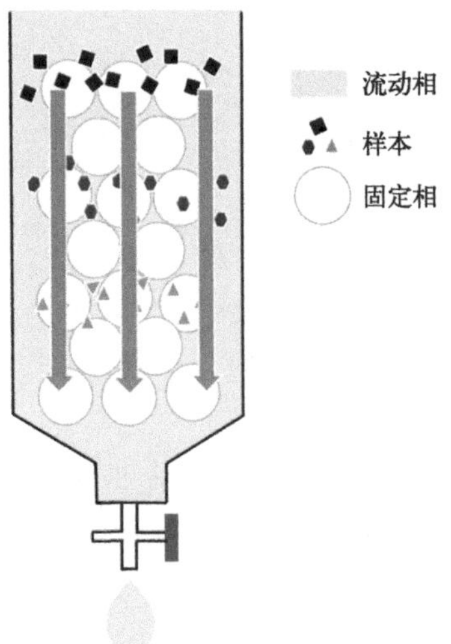

图 3-1　色谱法基本原理示意图

二、色谱技术的类型

1. 液相色谱

液相色谱的流动相为液体，根据固相载体的差异，分为凝胶过滤色谱（gel filtration chromatography）、离子交换色谱（ion exchange chromatography）、亲和色谱（affinity chromatography）等。

（1）凝胶过滤色谱　凝胶过滤色谱是一种利用分子筛效应，基于分子大小差异分离不同分子量物质的色谱技术，也称为分子筛色谱或分子排阻色谱。凝胶过滤柱填充的载体为多孔网状结构的凝胶。样品加入凝胶柱的顶部后，大分子无法进入网孔并迅速洗脱，而小分子则进入网孔并被缓慢洗脱，从而根据分子量进行分离。1959 年，Porath 和 Flodin 首次用交联葡聚糖凝胶作为柱填料，分离水溶液中不同分子量的样品。随后这一技术得到不断完善和发展，目前广泛应用于生物化学、高分子化学等很多领域，其主要应用包括分离纯化蛋白质、核酸等生物大分子，还可用于估算分离物质的分子量及脱盐等。

凝胶过滤色谱的原理见图 3-2。

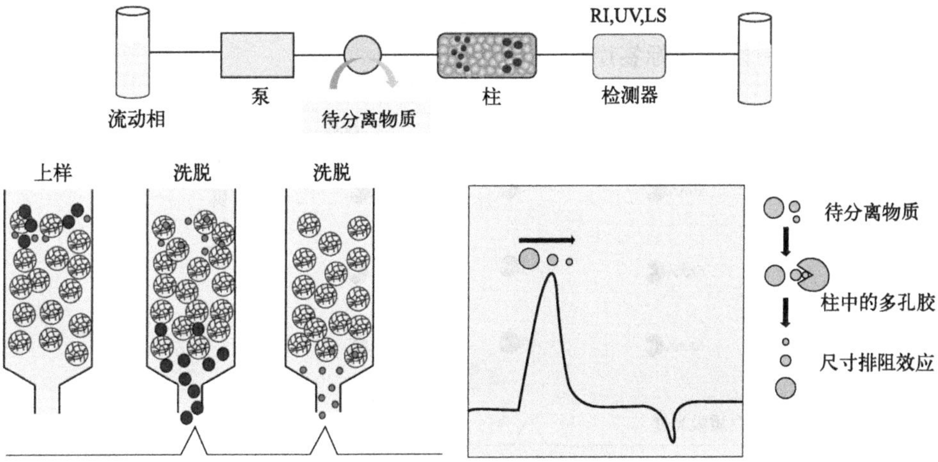

图 3-2　凝胶过滤色谱原理示意图

（2）离子交换色谱　离子交换色谱利用样品中离子化合物的电荷，通过分离载体（也称离子交换剂）的带电特性进行分离。阳离子交换剂通过负电荷吸附带正电荷的分子，而阴离子交换剂则吸附带负电荷的分子。样品与离子交换剂结合后，通过增加溶剂的离子强度来减弱电荷间的结合力，从而使结合力较弱的物质首先流出，从而完成基于电荷强弱的分离。离子交换色谱法原理见图 3-3。

在蛋白质的离子交换色谱中，根据蛋白质氨基酸的组成和 pH 条件，蛋白质可能带正电荷或负电荷，并与离子交换剂结合。通过改变盐浓度或 pH 梯度，可以按结合强度顺序分离蛋白质。离子交换色谱的应用包括蛋白质、核酸纯化，以及生物样品中离子化合物如氨基酸、各种离子等的分析。

（3）亲和色谱　亲和色谱是一种用于分离和纯化含有特定目标分子（如蛋白质、核酸、细胞等）样品的方法，其原理是基于生物大分子与分离介质之间的特异性结合相互作用。在分离介质上，能够识别并结合生物大分子的原子、原子基团或分子称为配体

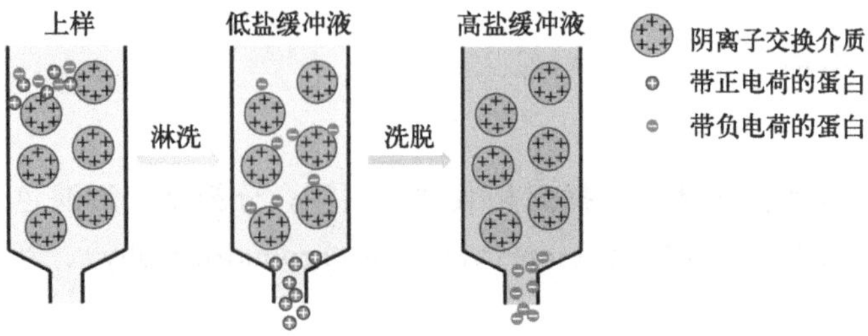

图 3-3　离子交换色谱法原理示意图

(ligand)，配体能够特异性地与目标分子结合，这种结合力称为亲和力（见图 3-4）。亲和色谱正是利用目标分子与色谱柱中固相载体上特定配体之间的高亲和力实现分离和纯化的。高亲和力的相互作用包括配体与受体、抗原与抗体、Ni^{2+} 与 His 标签、亲和素与生物素，以及核苷酸间碱基互补配对等。

当样品通过色谱柱时，目标分子会与固定相上的配体发生特异性结合，而其他杂质分子则会被洗脱去除。待纯化的目标分子可以通过改变缓冲条件或配体的亲和基团来进行洗脱，从而使其从色谱柱中释放出来。其中，基于 Ni^{2+} 与 His 标签蛋白质之间金属离子与蛋白基团螯合作用形成的亲和色谱，又称为金属亲和色谱。一个常见的例子是在表达基因工程蛋白质时添加一段 His 标签序列。

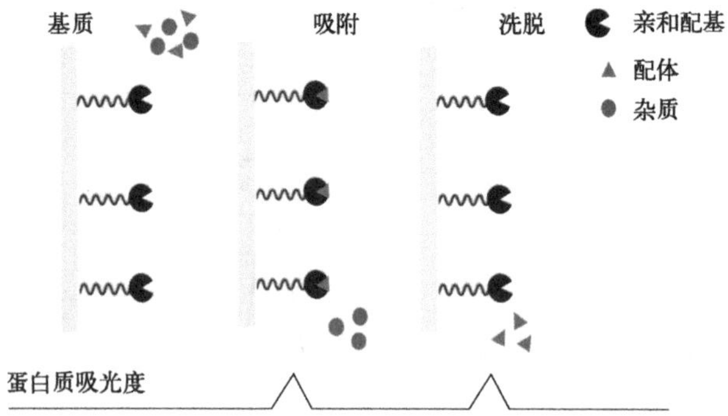

图 3-4　亲和色谱示意图

His 标签蛋白质能够方便地通过固定化金属亲和色谱介质进行分离和纯化。His 标签蛋白质纯化介质使用的金属离子种类包括 Co^{2+}、Ni^{2+}、Cu^{2+} 和 Zn^{2+} 等。Ni^{2+} 基介质具有较强的结合能力，能够实现较高的纯化产率，而 Co^{2+} 基介质则具有高度的特异性，能够提供更高的纯度。

常见固定金属离子的特异性与吸附性比较见图 3-5。Co^{2+} 具有较好的特异性和较高的纯度，而 Ni^{2+} 则表现出较强的吸附作用和更高的负载率。Co^{2+} 亲和色谱载体的结合位点（图 3-6）对组氨酸的空间排列有严格的要求，只有含有连续组氨酸序列或空间上相邻的组氨酸残基的蛋白质才能与 Co^{2+} 结合。因此，Co^{2+} 基介质具有较高的特异性，能够获得高纯度的蛋白质，但纯化的收率相对较低。当进行晶体学研究、功能分析等对蛋白质纯度要求较高的灵敏分析时，Co^{2+} 亲和色谱介质是最佳选择。

His 标签蛋白质在大肠杆菌中表达，并通过 Ni^{2+} 亲和色谱载体进行纯化，这是商业化介质中常用的方法（图 3-7）。某些氨基酸对二价金属离子（如 Ni^{2+}、Zn^{2+}、Cu^{2+}、

$Zn^{2+} \leqslant Co^{2+} < Ni^{2+} < Cu^{2+}$

Co^{2+}：高特异性、高纯度

Ni^{2+}：高吸附性、高结合力

图 3-5　几种金属离子的特异性与吸附性比较

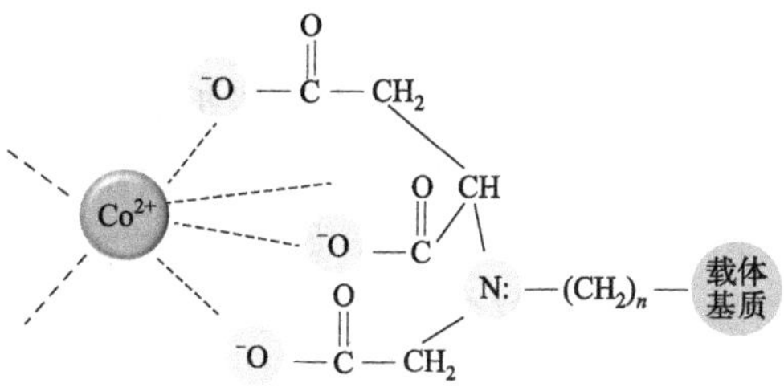

图 3-6　Co^{2+}亲和色谱载体及其结合位点

Ca^{2+}、Co^{2+}和Fe^{2+}）具有较高的亲和力。组氨酸和半胱氨酸在中性 pH（6～8）范围内能够与螯合金属离子形成复合物，其中组氨酸更容易与金属离子结合。因此，在使用 His 标签蛋白质时，选择金属离子时需要兼顾其亲和性和便于洗脱的特点，Ni^{2+}是常用的选择。His 标签蛋白质通过Ni^{2+}亲和介质螯合时，咪唑对金属离子的亲和力较组氨酸更高，咪唑能够与金属离子形成络合物，从而使蛋白质被释放出来。

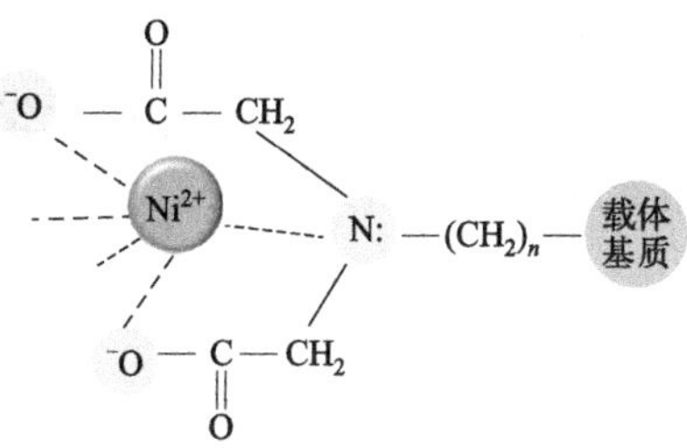

图 3-7　Ni^{2+}亲和色谱载体及其结合位点

由于在中性至碱性环境中组氨酸与金属离子的亲和力增强，因此在形成复合物时，通常使用磷酸盐缓冲液（20～50mmol/L）。在洗脱过程中，通过调整咪唑的浓度梯度，可以有效去除与载体结合的非目标 His 标签蛋白质。为了实现良好的分离和纯化效果，需要根据目标蛋白的特性设置合适的吸附和洗脱条件。

（4）高效液相色谱　高效液相色谱（HPLC）是在经典液相色谱的基础上发展而来的。与传统液相色谱的不同之处在于：HPLC 使用小而均匀的固相载体颗粒填充色谱柱，并通过高压输送流动相，从而提高分离效率，因此被称为高效液相色谱。样品通过进样器注入流动相，经过色谱柱中的固定填料，不同组分与固定填料之间的相互作用力不同，导致它们以不同的速率通过色谱柱，从而实现分离。各组分在出柱后依次被检测器检测，最终生成色谱图，图中峰的面积或高度与组分的浓度成正比。液相色谱主要用于分离和定量分析复杂样品中的生物分子，如蛋白质、核酸、氨基酸、糖类等，以及低浓度的生物活性物质，如激素、药物、代谢产物和水中的离子污染物等。

常用的检测器有以下几种。

① 紫外-可见光检测器：基于样品对紫外光或可见光吸收能力的检测方法，能够测量样品的吸光度，并通过设置不同波长进行定量分析，从而实现对不同组分的检测。

② 荧光检测器：通过样品吸收光能后发射荧光进行分析，具有较高的灵敏度和选择性，能够在低浓度下检测多种化合物，具有广泛应用。

③ 质谱检测器：能够将样品成分的化学信息转化为质量信号，可以确定样品中各种化合物的分子量、结构以及相对含量等信息。

④ 示差折光（RI）检测器：基于样品成分对光线折射率的差异进行检测，适用于非色谱性物质的检测，如无色物质或不吸收紫外光/可见光的化合物。

HPLC 系统主要由以下几个基本部分构成，如图 3-8 所示。

① 进样器：通过注射器或自动进样装置将样品加载到样品环中，然后通过操作阀门将样品从样品环中推入色谱柱进行分离。

② 色谱柱：色谱柱是 HPLC 系统的核心部件，用于分离待测物。通常色谱柱内填充的是一种固定相填料，如硅胶或反相材料（如 C_{18}）。样品与填料发生相互作用，不同化合物因与固定相的作用力不同，以不同的速率通过色谱柱。

③ 流动相：流动相是指在色谱柱中流动的溶剂混合物，既可以是单一溶剂，也可以是溶剂的混合物。流动相的选择及其比例取决于待测物的性质和所需的分离条件。调整流动相的组成可以改变分离速率和选择性。

④ 泵：泵负责控制流动相的速度和流量，常用的是高压恒流泵，它能够保持流量稳定，确保分离过程的重复性和可靠性。

⑤ 检测器：检测器用于检测样品在色谱柱中分离时产生的信号。根据待测物的特性和分析需求，选择合适的检测器进行定量和分析。

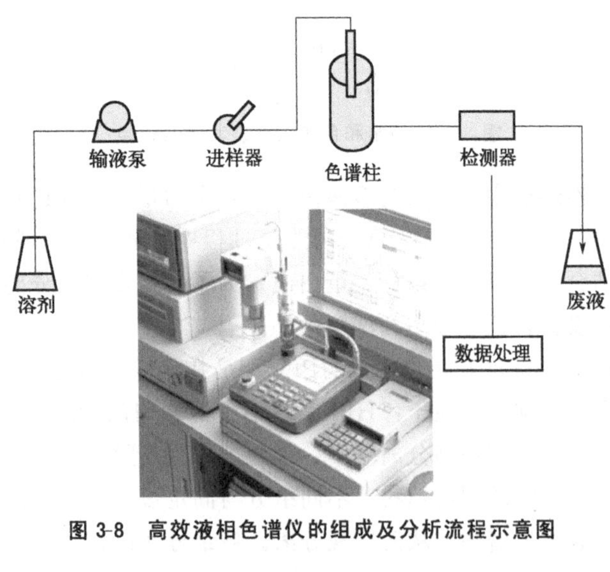

图 3-8　高效液相色谱仪的组成及分析流程示意图

⑥ 数据处理系统：数据处理系统用于记录、处理和分析检测器的信号，并生成色谱图。色谱图提供了待测物的定量和分离度信息，还具有定量分析、结果存储和数据报告等功能。

除了上述基本组成部分外，根据实验需要和分析要求，HPLC 系统还可以添加其他模块，如自动进样器、温度控制装置、柱温箱等，以进一步提高系统的性能和稳定性。

此外，HPLC 还可以根据需要调节流动相的组成和性质，以优化分离效果。

① 极性调节：调整流动相中溶剂的极性，可以改变溶液的相互作用及样品在固定相上的分离效果，增加有机溶剂的含量有助于增强溶剂与样品成分之间的相互作用，从而改善分离效果，还可以尝试添加极性溶剂或醇类物质来调节流动相的极性。

② pH 调节：调节流动相的 pH 可改变样品在色谱柱上的保留行为和分离效果，在选择流动相 pH 时，要注意某些样品在不同 pH 条件下可能会发生化学反应或分解，应综合考虑样品的稳定性。

③ 盐浓度调节：通过调节流动相中盐溶液的浓度和类型，可以控制流动相的离子强度，从而改变样品成分之间的相互作用，应根据样品特性和分离要求选择合适的盐浓度。

④ 温度调节：通过调节流动相的温度，可以影响样品的溶解度以及柱填料的性能，从而影响分离效果，通常情况下升高温度可以增加样品的溶解度和动力学速率，同时减小柱填料的保留能力。

HPLC 广泛应用于蛋白质、多肽、核酸等生物大分子的分离纯化及其结构和功能分析，在药物分析、环境监测、食品安全等领域也得到广泛应用。

2. 气相色谱

气相色谱（GC）是一种将样品蒸发成气态后，通过流动相（常见为氮气或氦气）将其带入不同极性的固定相色谱柱进行分离的技术。在色谱柱内，化合物与固定相之间发生吸附和脱附的过程，但不同物质的速率不同，从而导致样品中的各组分在色谱柱内发生分离，实现化合物的分离和分析。在气相色谱中，样品的保留时间是一个重要的参数，指的是化合物从进样到出柱所需的时间，不同化合物的保留时间取决于它们与固定相的相互作用。

气相色谱仪主要由以下几个部分组成（见图 3-9）。

① 载气系统：包括气源、气体净化和气体流速控制，提供稳定流量/压力的高纯度载气，通常是惰性气体，如氮气、氦气等。

② 进样系统或自动进样系统：进样系统的核心组件是进样口（隔垫、衬管），样品通过注射器注入衬管，液体样品瞬间气化，并由载气带入色谱柱进行分离。进样口还具有分流功能。自动进样系统包括注射器和自动进样机械结构，能够自动完成样品的进样。

③ 色谱柱和柱温箱：在恒温或程序升温条件下，样品中的各组分在色谱柱上实现分离。色谱柱的填料或内壁涂层决定了与待分离物质的相互作用力，从而使保留时间不同，达到分离的效果。柱温箱可精确稳定地控制色谱柱的温度。气相色谱可以利用已知标准物质的保留时间，对各组分进行定性检测，且在相同的色谱条件下，同一物质的保留时间应相同。气相色谱的定量分析依据是物质量与色谱图上峰面积成正比关系。

④ 检测系统：用于获得与各组分含量成比例的信号。常见的检测器是氢火焰离子化检测器（FID），其工作原理是含碳有机物在氢火焰中燃烧时产生化学电离，在电场作用下，正离子被收集到负极，产生电流。

氢火焰离子化检测器结构如图 3-10 所示，氢气从管道进入喷嘴，与载气混合后从喷嘴逸出进行燃烧，助燃空气通过管道进入，并通过气体扩散器均匀分布在火焰周围进行助燃，补充气体从喷嘴管道底部进入。

⑤ 记录系统：包括放大器、记录仪或数据处理装置及工作站，用于记录检测器获得的信号，并生成色谱图，同时可以对色谱峰进行积分等处理。气相色谱广泛应用于脂肪酸、氨基酸、挥发性化合物分析等领域。它也常用于分析样品中的挥发性有机化合物，如香料、挥发性有机物以及生物体内的代谢产物等。

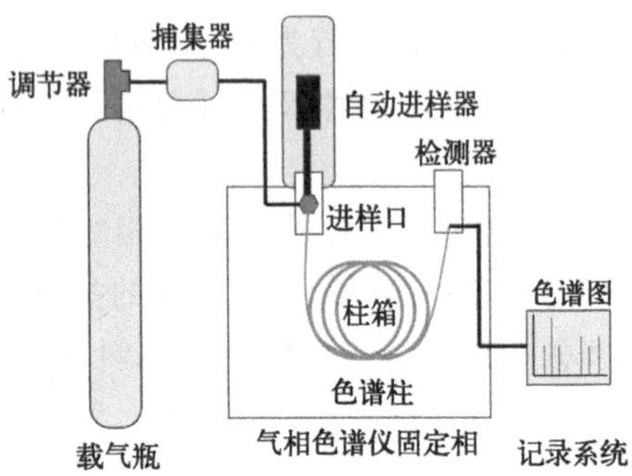

图 3-9　气相色谱仪组成

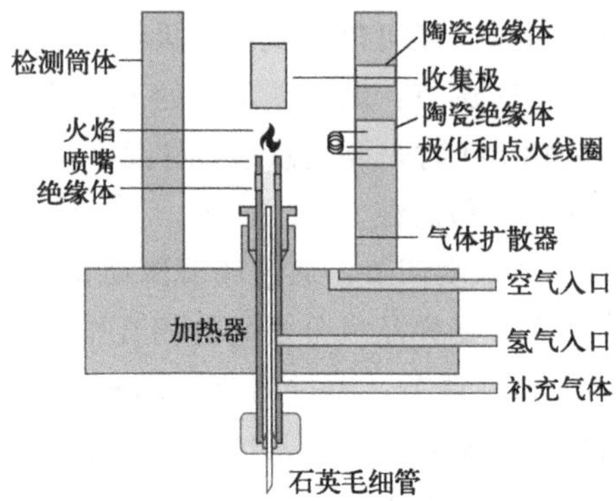

图 3-10　FID 结构示意图

第二节
凝胶过滤色谱分离不同分子量的物质

凝胶过滤色谱具有设备简单、操作简便、对高分子物质分离效果好等优点，在生物化学、分子生物学、医药学领域应用广泛，成为分离提纯蛋白质、酶、核酸等生物大分子物质不可缺少的技术。

凝胶的种类很多，理想的凝胶介质主要具有以下特点：介质本身为惰性物质，不与溶质、溶剂发生任何作用；介质内孔径大小分布均匀；介质内带电离子基团少，具有良好的物理、化学稳定性等。常用的凝胶主要包括葡聚糖凝胶、琼脂糖凝胶、聚丙烯酰胺凝胶等。其中葡聚糖凝胶系列是以微生物产生的葡聚糖为原料，早年是用环氧氯丙烷为交联剂，在碱性条件下交联而成，这样得到的产物商品名为 Sephadex，表 3-1 为这个系列的一些型号和有关的性质。

表 3-1　葡聚糖凝胶的各种型号和性质

型号	颗粒度/μm	柱床体积/(mL/g)	分级范围(M_w×1000)	
			球状蛋白质	葡聚糖
G10	40～120	2～3	<0.7	<0.7
G15	40～120	2.5～3.5	<1.5	<1.5
G25(粗)	100～300	4～6	1～5	1～5

续表

型号	颗粒度/μm	柱床体积/(mL/g)	分级范围(M_w×1000)	
			球状蛋白质	葡聚糖
G25(中)	50～150	4～6	1～5	1～5
G25(细)	20～8	4～6	1～5	1～5
G25(超细)	20～50	4～6	1～5	1～5
G50(粗)	100～300	9～11	1.5～10	1.5～10
G50(中)	50～150	9～11	1.5～10	1.5～10
G50(细)	20～80	9～11	1.5～10	1.5～10
G50(超细)	20～50	9～11	1.5～10	1.5～10
G75	40～120	12～15	3～80	1～50
G75(超细)	20～50	12～15	3～70	1～50
G100	40～120	15～20	4～150	1～100
G100(超细)	20～50	15～20	4～100	1～100
G150	40～120	20～30	5～300	1～150
G150(超细)	20～50	18～22	5～150	1～150
G200	40～120	30～40	5～600	1～200
G200(超细)	20～50	20～25	5～200	1～200

一、实验目的

① 掌握凝胶过滤色谱的基本原理；

② 学习利用凝胶过滤色谱分离不同分子量物质。

二、实验原理

凝胶过滤色谱又称为分子筛色谱、分子排阻色谱，是依据分子大小这一物理性质进行分离纯化的。凝胶过滤色谱的固定相是惰性的珠状凝胶颗粒，凝胶颗粒的内部具有立体网状结构，可以形成很多孔穴。当含有不同分子大小组分的样品进入凝胶色谱柱后，各个组分就向固定相的孔穴内扩散，组分的扩散程度取决于孔穴的大小和组分分子的大小。比孔穴孔径大的分子不能扩散到孔穴内部，完全被排阻在孔外，只能在凝胶颗粒外的空间随流动相向下流动，它们经历的流程短，流动速度快，所以先流出；而较小的分子则可以完全渗透进入凝胶颗粒内部，经历的流程长，流动速度慢，所以最后流出；而分子大小介于两者之间的分子在流动中部分渗透，渗透的程度取决于它们分子的大小，所以它们流出的时间介于两者之间，分子越大的组分越先流出，分子越小的组分越后流出。样品经过凝胶过滤色谱后，各个组分便按分子从大到小的顺序依次流出，从而达到分离的目的。

三、材料、试剂与仪器

1. 实验材料

交联葡聚糖 G-100。

2. 实验试剂

蓝色葡聚糖 2000（2000kDa）、血红蛋白（68kDa）、核黄素（376Da）。

0.01mol/L PBS（pH7.2）溶液配制：7.95g NaCl、0.20g KCl、2.87g $Na_2HPO_4 \cdot 12H_2O$ 和 0.27g KH_2PO_4，定容至 1L。

20mg/mL 牛血红蛋白溶液：0.2g 牛血红蛋白，充分溶解于 10mL PBS（0.01mol/L，pH7.2）中（超声促进溶解），置于冰箱中备用。

10mg/mL 核黄素溶液：0.1g 核黄素充分溶解于 10mL 0.05mol/L NaOH 溶液中，置于冰箱中备用。

25mg/mL 蓝色葡聚糖 2000 溶液：0.1g 蓝色葡聚糖 2000，充分溶解于 4mL PBS（0.01mol/L，pH7.2）中，置于冰箱中备用。

洗脱液为上述 0.01mol/L PBS（pH7.2）。

3. 实验仪器

凝胶色谱柱、恒流泵、自动部分收集器、移液器等。

四、实验步骤

1. 凝胶准备

称取交联葡聚糖 G-100 10g，置于锥形瓶中，加去离子水 300mL，于沸水中煮沸 1h 取出，待冷却至室温再进行装柱。

2. 装柱

取直径 1cm、长度 20cm 的色谱柱垂直安装好。将已经溶胀的凝胶沿着玻璃棒小心地徐徐灌到胶中，尽量一次倒完避免出现断层，如不能一次倒完，用玻璃棒搅拌上层凝胶，再继续加入剩下的凝胶。待凝胶沉淀压实后，再在凝胶上面加 1～2mL 的水，将胶面压平。

3. 样品的制备

色谱混合样品制备：取血红蛋白溶液 0.3mL，核黄素溶液 0.1mL，蓝色葡聚糖 2000 0.1mL，充分混匀作为样品。

4. 加样

加样时先将柱子接上蠕动泵（另一端不接洗脱液），使柱床表面的去离子水流出，直至床面正好露出，关闭蠕动泵（或用胶头滴管将柱床面多余的水吸出，注意滴管不要碰到柱床面）。用移液器将上述样品（约 0.5mL）缓缓沿色谱柱内壁小心加于床表面，注意尽量不要使床面搅动。待样品进入床内，直到床面重新露出，再在柱上面加 1～2mL 的去离子水（用胶头滴管沿柱子内壁旋转加入），蠕动泵的另一端接上洗脱液，用水进行洗脱。

5. 洗脱

将蠕动泵一端接洗脱液，一端接柱子，控制流速为 1mL/min，进行洗脱，柱子上端接蠕动泵，下端接部分自动收样器，进行收集，1min 收集 1 管，每管大约 1mL。

6. 观察

观察样品在色谱柱中的色带位置及洗脱顺序，计算样品的洗脱体积。

五、结果与分析

根据样品蓝色葡聚糖 2000 分子质量 2000kDa、血红蛋白及核黄素洗脱顺序，分析流出顺序原因，计算各洗脱体积并绘制洗脱曲线图。

洗脱体积：计算从加样到样品洗脱流出的总体积。

六、注意事项

① 装柱后要检查柱床是否均匀，若有气泡或分层的界面，需要重新装柱；
② 上样时沿柱内壁缓缓加入，不能冲击凝胶柱表面；
③ 洗脱过程中防止凝胶柱洗脱液流干；
④ 洗脱完成后凝胶要回收重复使用。

七、思考题

① 色谱技术按分离原理分为哪几类？各是什么分离原理？
② 为何葡聚糖凝胶色谱可以测定不同分子量的蛋白质？
③ 测定蛋白质分子量的方法有哪些？

第三节
大孔吸附树脂分离纯化熊果苷

熊果苷（化学名为 4-羟苯基-α-D-吡喃葡萄糖苷）是一种从熊果植物中提取的糖苷类化合物，具有显著的酪氨酸酶抑制作用，在治疗老年斑、黄褐斑和雀斑等皮肤色素沉着方面具有显著效果，已成为全球多个国家美白祛斑类化妆品的重要添加剂。当前，关于熊果苷分离与纯化的系统研究较少，已有的研究方法主要包括薄层色谱法、HPLC 法和大孔吸附树脂法。前两种方法不适合大规模工业化生产，本实验重点介绍大孔吸附树脂法。

大孔吸附树脂具有三维立体孔结构，具备诸多优点，包括高物理化学稳定性、大比表面积、高吸附容量、良好的选择性、快速的吸附速度、温和的解吸条件、便捷的再生处理和较长的使用周期等。此外，该方法便于构建闭路循环系统，能够节省成本，具有广阔的应用前景。大孔吸附树脂的分类见表 3-2。

表 3-2　大孔吸附树脂分类

分类	功能基团	应用
非极性树脂	不带任何功能基	由极性溶剂中吸附非极性物质
中极性树脂	含酯基	既可由极性溶剂中吸附非极性物质，也可由非极性溶剂中吸附极性物质
极性树脂	含酰氨基、氰基、酚羟基等	通过静电相互作用吸附极性物质

一、实验目的

① 建立熊果苷的分离纯化工艺；
② 学习基于大孔吸附树脂的分离纯化方法。

二、实验原理

大孔吸附树脂是一类不含交换基团且具有大孔结构的高分子吸附材料，具有良好的大孔网状结构和较大的比表面积，能够通过物理吸附选择性地吸附水溶液中的有机物。大孔树脂的吸附作用主要依赖于其与被吸附分子（吸附质）之间的范德瓦耳斯力，并通过其巨大的比表面积进行物理吸附。根据吸附力和分子量的差异，有机化合物可以在一定溶剂的洗脱作用下被分开，从而实现分离、纯化、除杂或浓缩等目的。同时，由于大孔吸附树脂具有多孔结构，其对分子大小不同的物质具有筛选作用。

三、材料、试剂与仪器

1. 实验材料

大孔吸附树脂 AB-8：实验前 4 天，将黄单胞菌接种培养基置于 30℃下 150r/min 摇床中振荡发酵 24h，然后加入反应物对苯二酚和蔗糖反应 72h，反应结束后收集离心液。

2. 实验试剂

对苯二酚、蔗糖、乙醇。

发酵培养基：蔗糖 20g、蛋白胨 10g、$MgSO_4$ 0.5g、K_2HPO_4 1g、KH_2PO_4 1g、NaCl 2g，去离子水定容到 1L，121℃灭菌 20min。

3. 实验仪器

电子天平、蒸汽灭菌锅、超净工作台、生化培养箱、分光光度计、TDL-5-A 台式离心机、移液枪、旋转蒸发器、去离子水机、精密 pH 计、高效液相色谱仪。

四、实验步骤

1. 大孔吸附树脂的预处理

在大孔吸附树脂合成过程中，经常会有一些低聚物及有害离子残留在树脂中，所以树脂在使用前必须进行预处理以除去这些杂质。具体方法如下。

① 以 0.5 倍树脂床体积（BV）的 95%乙醇浸泡树脂 24h，用 2BV 的 95%乙醇以 2BV/h 流速通过树脂柱，并浸泡 4～5h；

② 以 95%乙醇对树脂进行洗涤，流速为 2BV/h，待洗至流出液加 3 倍水不呈白色混浊，再用去离子水以同样流速把乙醇洗净。

2. 样品溶液制备

取反应结束的反应液，在转速为 4200r/min 的离心机上离心 20min 以除去菌体和其他不溶性杂质。离心后，将上清液中熊果苷的浓度稀释至 10g/L 作为实验样品溶液。

3. 树脂动态吸附和解吸

① 装柱：取已预处理好的树脂装入洁净的分离柱内，然后加入 95%乙醇浸泡 24h，再用 95%乙醇与去离子水交替反复洗涤 2～3 次，最后用去离子水洗净乙醇备用。

② 上柱：用除菌体后的离心液进行上柱，上柱流速为 0.5BV/h。

③ 水洗：用 4BV 去离子水以 1BV/h 流速进行洗脱，洗至出水液无色透明为止。

④ 洗脱：分别用不同浓度洗脱剂进行洗脱，洗脱速率为 1～2BV/h，收集洗脱液用 HPLC 进行分析。

⑤ 产物 HPLC 分析：液相检测条件色为色谱柱 C_{18}（4.6mm×25cm，填料粒径=5μm），流动相 CH_3OH：H_2O=5：95（体积比），柱温 25℃，流速 1mL/min，紫外检测器波长 280nm，进样量 10μL。

4. 大孔吸附树脂的再生

先用浓度为 95%的乙醇以 2BV/h 流速进行洗脱，洗至流出液无颜色为止，用去离子水洗涤干净乙醇后改用 4BV 5%HCl+1%NaCl（质量分数）水溶液以 2BV/h 流速洗涤树脂，然后用去离子水洗直至出水液为中性，改用 4BV 5%NaOH+1%NaCl（质量分数）水溶液以 2BV/h 流速洗涤树脂，最后用去离子水洗至出水液为中性。

五、结果与分析

1. 树脂吸附量的计算

树脂的吸附能力，由下式进行计算：

$$Q_e=(C_o-C_e)V_i/m$$

式中，Q_e 是在吸附平衡时每克树脂的吸附容量，mg/g；C_o 和 C_e 分别是熊果苷初始和吸附平衡后的浓度，mg/mL；V_i 是初始样品溶液的体积，mL；m 是干燥树脂的质量，g。

2. 树脂解吸率的计算

由下式计算出树脂的解吸能力和吸附平衡后的解吸率：

$$Q_d=C_d V_d/m$$

$$D=Q_d/Q_e\times100\%$$

式中，Q_d 为吸附平衡后每克树脂的解吸能力，mg/g；C_d 是熊果苷在 25%（体积分数）乙醇溶液中的浓度，mg/mL；V_d 是 25%（体积分数）乙醇溶液的体积，mL；D 是树脂吸附平衡后的解吸率，%。

3. 熊果苷回收率的计算

树脂分离熊果苷的回收率由下面的公式进行计算。

$$\eta=(C_d V_d)/(C_o V_i)\times100\%$$

式中，η 为熊果苷分离纯化回收率，%；C_o 是熊果苷吸附前的浓度，mg/mL；V_i 是初始样品溶液的体积，mL；C_d 是熊果苷在 25%（体积分数）乙醇溶液中的浓度，mg/mL；V_d 是 25%（体积分数）乙醇溶液的体积，mL。

六、注意事项

① 装柱后要检查柱床是否均匀，若有气泡或分层的界面，需要重新装柱。

② 上样时沿柱内壁缓缓加入，不能冲击树脂柱表面以免造成柱床表面不平整。

③ 洗脱过程中洗脱液需高于树脂床面，防止树脂柱洗脱液流干。

④ 洗脱完成后树脂要再生，树脂需回收重复使用。

七、思考题

如何评判大孔吸附树脂是否吸附饱和？

第四节
高效液相色谱测定葡萄糖和乙酸浓度

高效液相色谱（HPLC）是一种广泛应用于化学分析和生物分析的分离技术。它通过将样品溶解于流动相中，利用样品组分在固定填料（色谱柱）上的不同亲和力，实现对混合物中各个组分的分离和定量。

一、实验目的

① 熟悉高效液相色谱仪的系统组成，掌握高效液相色谱技术的测定原理；
② 了解 HPLC 在生物技术中的应用，掌握常见底物和产物的测定方法。

二、实验原理

HPLC 的基本原理是通过控制样品流动相和固定相之间的相互作用来实现分离。样品通过进样器注入流动相，并经过固定填料（色谱柱），不同成分在固定填料上的相互作用和亲和力不同，导致它们以不同的速率通过柱子，从而实现分离。与固定相相互作用较强的成分会停留在柱子中，而与固定相相互作用较弱的成分则会更快地通过柱子。出柱后的各组分会被一种或多种检测器依次检测，最后得到色谱图，其中峰的面积或高度与组分的浓度成正比。常见的检测方法包括荧光检测器和具有高分辨率及高灵敏度的质谱检测器。

HPLC 在各个领域的应用非常广泛，包括：药物分析，分离和定量测定药物的主要成分及杂质，评估药物的纯度、含量和稳定性；环境监测，分析和监测水、空气及土壤中的污染物，例如有机物和农药残留等；食品安全检测，检测食品中的添加剂、毒素和致癌物等；化学生物学，分离和纯化蛋白质、核酸和多肽等生物大分子，研究其结构和功能。

下面以常见的发酵底物葡萄糖和产物乙酸为例，使用高效液相色谱仪来测定其浓度。

三、材料、试剂与仪器

1. 实验材料

有机酸柱。

2. 实验试剂

葡萄糖、乙酸钠、去离子水、浓硫酸、超纯水。

3. 实验仪器

高效液相色谱仪、抽滤机、TG16MW 台式高速离心机、超声细胞破碎仪、精密天平、过滤器。

四、实验步骤

1. 葡萄糖溶液和乙酸溶液的制备

① 准确称量 1.0g 葡萄糖和 1.0g 乙酸钠，准确记录称量质量，并将其加入烧杯中。

② 加入适量的去离子水，使用玻璃棒搅拌，使葡萄糖和乙酸钠充分溶解在去离子水中。

③ 将溶解好的葡萄糖和乙酸钠分别转移到1L容量瓶中，并使用去离子水稀释至标记线（1L）。

④ 用瓶塞密封容量瓶，并彻底摇匀，以确保溶液均匀混合，获得葡萄糖和乙酸的标准工作溶液。

2. 流动相的制备

① 开启纯水机开关和水槽下方水泵，按DP1按钮，放水约15min（或DP2至4.0mg/L以下）。按DP2按钮，用2L大水杯接超纯水（低于2L）到2L容量瓶中（容器均需提前润洗）。

② 缓慢加入545μL硫酸，定容到2L（约5mmol/L硫酸溶液）。上下倒置10次。

③ 抽滤，初始约200mL液体用于清洗2L大玻璃瓶。

④ 拧松瓶盖，超声30min以除去气泡。

⑤ 将配制好的流动相放到对应位置。

3. 葡萄糖和乙酸标准溶液和待测样品的处理

① 标准溶液配制和定量：分别准确移取“步骤1”中葡萄糖和乙酸的标准工作溶液2.0mL、4.0mL、6.0mL、8.0mL至10mL容量瓶中，并用去离子水定容至10mL，获得不同浓度葡萄糖和乙酸的标准溶液。

② 将配制好的葡萄糖和乙酸标准溶液及待测样品溶液1.5mL分别转移至2.0mL离心管中，12000r/min离心10min。

③ 使用无菌注射器，将注射器的帽和针头弃除，吸取样品，利用0.22μm孔径滤膜进行过滤，过滤后溶液收集至洁净的液相小瓶中，并在液相小瓶上标注样品编号。

④ 将液相小瓶按次序放到液相检测盘中，将检测盘放到液相色谱仪对应位置。

4. 葡萄糖和乙酸样品浓度测定与定量计算

① 色谱柱采用有机酸柱，型号为Aminex HPX-87H。

② 在色谱软件上设定检测条件，流速0.6mL/min，时间25min，采用示差检测器，柱温为室温。

③ 设定储存路径，修改样品名和ID，检查样品所在样品盘位置和软件设定的样品ID相对应后，对标准曲线溶液和提供的待测样品进行批处理检测。

④ 根据葡萄糖和乙酸的峰面积或峰高与标准曲线的对应关系，计算出葡萄糖和乙酸的浓度。

五、结果与分析

绘制葡萄糖和乙酸的标准曲线，计算待测样品中葡萄糖和乙酸的浓度。

六、注意事项

① 选择合适的流动相：根据样品的特性和分离效果需求，选择合适的流动相。流动相的选择依据包括溶剂类型、pH、添加剂等。

② 色谱柱的选择：根据分析目标和样品属性，选择合适类型的色谱柱，如反相、离

子交换、凝胶等。选定的色谱柱应在正常操作条件下提供良好的分离效果。

③ 样品制备：通常需要将样品进行适当的前处理，如溶解、过滤或稀释。样品的前处理需要根据样品的性质和目标分析物的特性进行选择。

④ 流速和梯度条件的优化：根据需要进行流速和梯度条件的优化，以获得最佳的分离效果。过快的流速可能导致分离不充分，而过慢的流速可能延长分析时间。

⑤ 温度的控制：对于一些温敏型样品或需要调整柱温的应用场景，控制色谱柱温度非常重要。通过控制柱温，可以改变柱内相平衡、增强分离效果，并提高信号强度。

⑥ 进样体积的优化：选择适当的样品进样体积，以避免过量的样品注入对分离效果产生负面影响。通常，最佳注射体积应在可检测和最佳分离之间选择。

⑦ 实验室安全和废弃物处理：在进行 HPLC 实验时，要遵守实验室的安全规程，并采取适当的措施，如正确使用个人防护装备、正确操作化学品和正确处理废弃物。

⑧ 注意高效液相色谱仪的日常维护。

七、思考题

① 样品所测浓度与预期结果相差较大的原因有哪些？

② 进行了多次测定，但结果的重复性差异较大，分析原因。

第五节 气相色谱测定酶催化油酸甲酯化反应转化率

生物柴油是脂肪酸烷基酯的混合物，作为一种可以替代现有化石燃料的可再生能源，在全球范围内引起了广泛关注。目前生产生物柴油的方法主要有直接使用和混合、微乳化、热裂解（高温分解）和酯交换法。其中，酯交换法（或醇解法）是指由脂肪酸或甘油三酯（生物油脂）和短链醇在化学或生物催化剂的催化作用下发生酯化或转酯化反应生成脂肪酸烷基酯（生物柴油）和甘油。在生物柴油制备反应中常用的催化剂主要有酸、碱和酶。相比于酸、碱等化学催化剂，以脂肪酶为主，具有可重复使用、可再生、底物特异性、绿色环保、低成本的生物催化剂已经成为生物柴油生产的优先选择。对于酯基生物柴油，其反应转化率的测定通常是利用气相色谱法对脂肪酸甲酯产物进行定量实现的。

一、实验目的

① 掌握气相色谱的基本原理、组成结构及作用；

② 了解氢火焰离子化检测器的特点和使用方法，掌握气相色谱中利用保留时间定性的方法，以及外标定量方法；

③ 掌握利用非极性毛细管柱测定脂肪酸（酯）类化合物的方法。

二、实验原理

气相色谱利用试样中各组分在气相和固定相间的分配系数差异进行分离。当气化后的样品被载气带入色谱柱中时，样品组分将在气相与固定相之间反复分配。由于固定相对各组分的吸附或溶解能力不同，样品组分在色谱柱中的运行速度也不同。经过一定柱长的分离后，各组分被依次分离，并按顺序离开色谱柱进入检测器。检测器产生的离子流信号经过放大后，在记录器上绘制出各组分的色谱峰。

在混合物样品得到分离后，最常用的定性方法是利用已知物的保留时间对色谱峰进行定性分析。该方法的原理是在相同的色谱操作条件下，同一种物质的保留时间应相同。当已知物的保留时间与未知物的保留时间完全一致时，可以推测它们是相同的化合物。此方法的前提是色谱峰必须分离为单独的峰，并且需要有作为对照的标准物质。

气相色谱定量分析的基本原理是被测物质的量与其在色谱图上对应峰的面积（或峰高）成正比。数据处理软件（工作站）能够提供包括峰高和峰面积在内的多种色谱数据。由于峰高比峰面积更容易受到分析条件波动的影响，并且峰高标准曲线的线性范围较峰面积窄，因此通常采用峰面积进行定量分析。外标法是一种简便的定量方法，适用于样品中所有组分都能良好分离并能被检测的情况。在这种情况下，可以利用外标法来定量计算样品中各组分的浓度。

本实验选用非极性色谱柱 DB-1 HT，其固定相为100%二甲基聚硅氧烷，是一种非极性且耐高温的色谱柱。该色谱柱经过特殊处理，能够承受的最高操作温度达到400℃，且通过键合交联处理，可以使用溶剂冲洗。它能够提供优异的峰形，并实现高沸点化合物的快速洗脱。

三、材料、试剂与仪器

1. 实验材料

油酸标准样品、油酸甲酯标准样品。

2. 实验试剂

丙酮、甲醇、正癸烷。

3. 实验仪器

气相色谱仪（本实验以美国安捷伦公司 Agilent 6890 为例），氢火焰离子化检测器，100位自动进样器，色谱柱 J&W DB-1ht，载气为高纯氮气，燃烧气为高纯氢气，助燃气为高纯空气。

载气为高纯氮（99.999%），柱压 110.9kPa，流速 30.0cm/s，采用固定温度式分流进样口，进样量 1μL，分流比为 10，温度 360℃。

柱箱采用二阶程序升温，升温程序为：初始温度 100℃，首先以 10℃/min 升温至 300℃，保持 2min，然后以 5℃/min 的速率升温至 365℃，保持 10min。

检测器为FID，氢气流量 40mL/min，助燃气（空气）流量为 400mL/min，尾吹气流量为 30mL/min。

四、实验步骤

1. 标准溶液配制（现配现用）

用移液器分别移取 200μL、400μL、600μL、800μL、1000μL 的 1000mg/L 油酸与油酸甲酯（溶于正癸烷）混合标准溶液于 10mL 容量瓶中，利用正癸烷稀释定容，混匀后，得到浓度为 20mg/L、40mg/L、60mg/L、80mg/L、100mg/L 的油酸与油酸甲酯系列标准工作溶液。

2. 标准曲线的绘制与样品测试

① 通载气 N_2 约 1min，打开氢气和空气钢瓶。

② 打开稳压电源，打开气相色谱仪主电源，打开电脑及工作站。

③ 分别设定柱温、进样口温度和氢火焰离子化检测器温度为 55℃、200℃和 220℃。

④ 当温度达到设定值后，在工作站中，设定分析文件名、文件路径和仪器方法，等待仪器显示 ready。

⑤ 设定分析序列，按照空白、标准样品系列从低浓度到高浓度、样品按序号在自动进样器上排列，按 start 按钮开始自动进样测试，进样量为 1μL。

⑥ 测试结束后，对每个色谱图进行积分处理，并记录所有数据。

⑦ 启动降温程序，待柱温、进样口温度和检测器温度均降至 50℃以下后，依次关闭工作站、气相色谱仪，关掉气体钢瓶及稳压电源。

五、结果与分析

标准样品中含有油酸和油酸甲酯，出峰时间分别约为 7.8min 和 6.8min，但由于仪器状态和色谱柱状态不同，出峰时间略有差异，但出峰顺序相同，酶催化油酸甲酯化反应样品的色谱峰图如图 3-11 所示。

分别利用油酸和油酸甲酯的峰面积对浓度绘图，并进行线性拟合，绘制标准曲线，利用标准曲线对酶催化油酸甲酯化反应样品中的油酸和油酸甲酯进行定量分析。

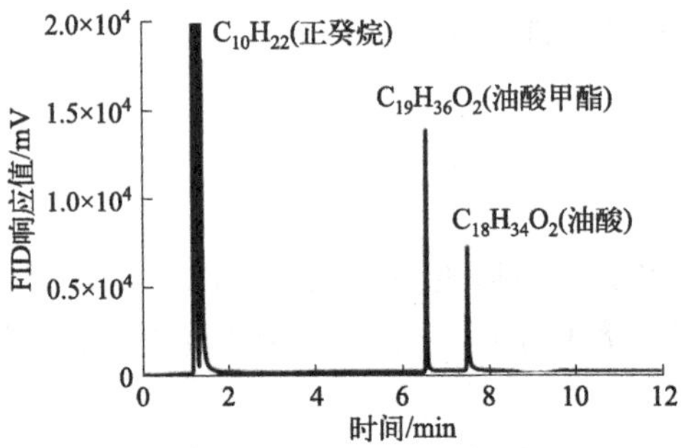

图 3-11　酶催化油酸甲酯化反应样品的色谱峰图

六、注意事项

① 色谱柱应根据实验目的选择，确保其与样品组分的相容性。色谱柱应正确安装，避免出现任何弯曲或损坏。色谱柱的连接应紧密无泄漏。

② 样品应避免过度浓缩，以免超出色谱柱的线性范围，导致峰变形或分离不完全。样品中应尽量避免含有水分，因为水分可能会影响色谱柱的性能并与某些组分发生反应。

③ 若出现较大的峰拖尾或峰重叠，应调整柱温或流速，或检查色谱柱是否老化。

④ 载气的流速应保持稳定，通常通过气体流量计进行监控。确保气体系统无泄漏，以免影响检测结果。

⑤ 起始温度、升温速率和最终温度应根据样品性质和实验需求进行优化。

⑥ 在高温操作中，要避免接触高温部分，以防烫伤。

七、思考题

① 气相色谱仪的组成及各部分的作用是什么？

② 氢火焰离子化检测器的特点、灵敏度与其他常见的检测器相比如何？

第四章
电泳技术

第一节
电泳技术的基本理论

瑞典科学家阿恩·提塞利乌斯（Arne Tiselius）成功将电泳技术应用于血清蛋白的分离，并因其在蛋白质电泳方面的开创性工作获得了 1948 年诺贝尔化学奖。1959 年，Raymond 和 Weintraub 创建了聚丙烯酰胺凝胶电泳（polyacrylamide gel electrophoresis，PAGE），大幅提升了电泳的分辨率，开创了近代电泳技术的新时代。自 1909 年电泳概念被提出以来，经过一个多世纪的发展，电泳技术在蛋白质组学、基因组学和代谢组学研究中取得了显著进展，并广泛应用于分子生物学、医学、农学、药学等领域，成为生命科学研究中不可或缺的技术。

一、电泳原理

电泳的原理是基于带电粒子在外加电场中的迁移。蛋白质、核酸（如 DNA、RNA）、糖类等在特定 pH 的溶液中带有正电荷或负电荷，在支持介质（如膜或凝胶）中，样品在直流电场的作用下，依据其特性（如形状、带电状态、分子量等）向与自身电荷相反的电极移动。由于不同物质的迁移速率不同，样品的各组分被分离。凝胶（如聚丙烯酰胺或琼脂糖）作为支持介质在此过程中起到分子筛的作用，分子迁移距离与分子量成反比关系。除了用于电泳分离，电泳还可用于确定分子量、等电点和纯度等参数，是蛋白质和核酸的主要分离和分析方法。

当样品加载到凝胶孔中时，电极之间产生的电场会在凝胶基质中形成电压梯度。该电压梯度驱使蛋白质或核酸片段根据其电荷、大小和结构向相反电极迁移。然而，凝胶浓度、缓冲液的组成、运行时间等因素也会影响分离的分辨率。

二、电泳系统的组成

电泳的类型多样，最广泛使用的电泳系统主要由电源和电泳装置两部分组成。电源提供直流电，驱动蛋白质、核酸等分子在电场中迁移。在电泳过程中，带正电的阳离子向负极（阴极）移动，而带负电的阴离子则向正极（阳极）移动。根据电泳系统的不同，电泳装置分为垂直板和水平板凝胶电泳系统。垂直板凝胶电泳通常使用聚丙烯酰胺凝胶来分离蛋白质，而水平板凝胶电泳则常用琼脂糖凝胶进行核酸分离。

1. 常见的凝胶系统

主要包括PAGE和琼脂糖凝胶电泳（agarose gel electrophoresis，AGE）。

（1）聚丙烯酰胺凝胶系统　聚丙烯酰胺凝胶由丙烯酰胺单体（Acr）和少量N,N'-亚甲基双丙烯酰胺（Bis）通过聚合反应交联而成。Acr聚合成长链，添加Bis分子引入交联点，形成交联矩阵（图4-1）。Acr的聚合反应由过硫酸铵和N,N,N',N'-四亚甲基二胺（TEMED）引发，也可以通过光聚合反应在光照条件下引发。根据待分离物质的性质，聚丙烯酰胺凝胶的浓度通常在3%～30%（表4-1）。丙烯酰胺的聚合反应是放热的。

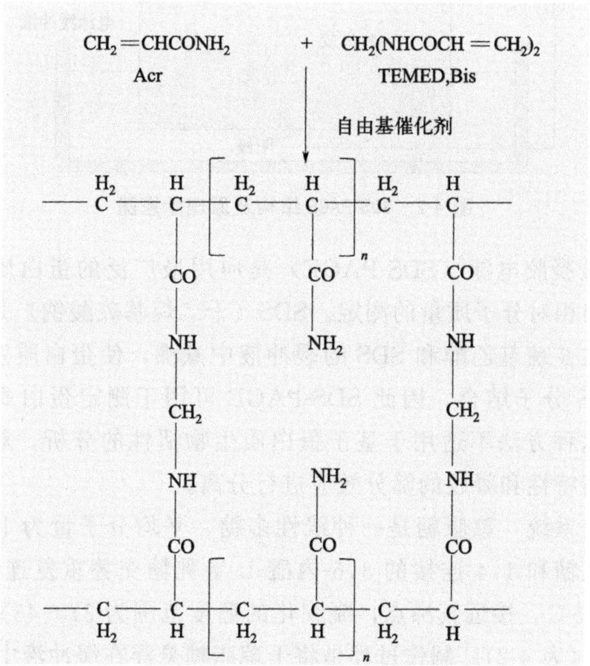

图4-1　Acr和Bis形成聚丙烯酰胺凝胶

表4-1　聚丙烯酰胺凝胶浓度与蛋白质分离范围

聚丙烯酰胺凝胶浓度	分子质量范围
5%	57～212kDa
7.5%	36～94kDa
10%	20～80kDa
12%	12～60kDa
15%	10～43kDa

注：条件为Acr与Bis质量比=29∶1。

聚丙烯酰胺凝胶通常分为浓缩胶和分离胶两部分。浓缩胶一般较短（约0.8cm），用于将蛋白质样品集中成一个窄条带，增强分离效果。浓缩胶的孔径较大，pH为6.8，而分离胶的孔径较小，pH为8.8。通过离子强度和pH的差异，样品在电泳缓冲液中的迁移速度会受到影响，分子量较小的物质较易通过凝胶，而分子量较大的物质受到凝胶筛分作用的阻碍，从而实现分离（图4-2）。通过与标准蛋白质的迁移率进行比较，可以确定目标蛋白的分子量，并绘制标准曲线进行校准。

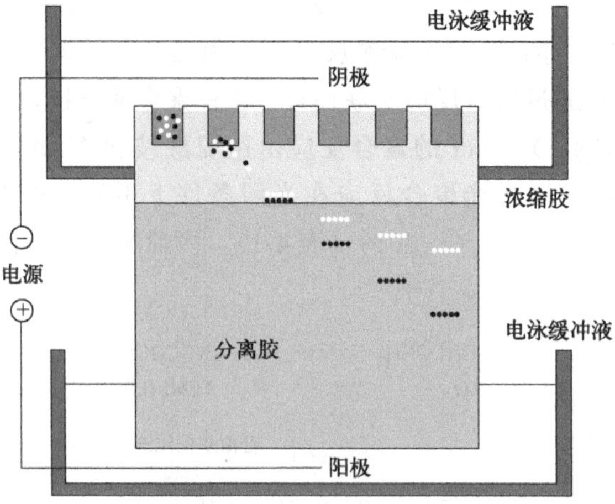

图 4-2　SDS-PAGE 结构及原理示意图

SDS-聚丙烯酰胺凝胶电泳（SDS-PAGE）是应用最广泛的蛋白质定性分析方法，主要用于蛋白质分离和相对分子质量的测定。SDS（十二烷基硫酸钠）是一种阴离子表面活性剂，电泳前样品在β-巯基乙醇和 SDS 的缓冲液中煮沸，使蛋白质发生变性。每两个氨基酸残基与一个 SDS 分子结合，因此 SDS-PAGE 可用于测定蛋白质亚基的大小。由于 SDS 的变性作用，这种方法不适用于基于蛋白质生物活性的分析，对于这类分析，需依赖蛋白质本身的电荷特性和凝胶的筛分效应进行分离。

（2）琼脂糖凝胶系统　琼脂糖是一种线性多糖，平均分子量为 1200。它由基本单元 1,3-连接的β-D-半乳糖和 1,4-连接的 3,6-内醚-L-半乳糖交替重复连接形成高分子结构。琼脂糖的熔点约为 95℃，接近其沸点，凝胶化的温度范围为 37～43℃。琼脂糖的配制浓度通常在 3～30g/L（表 4-2）。制作过程是将干琼脂糖悬浮在缓冲液中，随后加热至溶解，煮沸至透明。冷却后，琼脂糖通过分子间和分子内氢键的相互作用形成三维凝胶结构，可以用于蛋白质和核酸的电泳分析。电泳装置的示意图如图 4-3 所示。

表 4-2　琼脂糖凝胶浓度与分离 DNA 范围

浓度/($g \cdot L^{-1}$)	分离 DNA 范围/kb
3	5～60
5	2～50
6	1～20
7	0.8～12
8	0.8～10
9	0.6～10
10	0.4～8
12	0.3～7
15	0.2～3
20	0.1～2
30	0.025～1

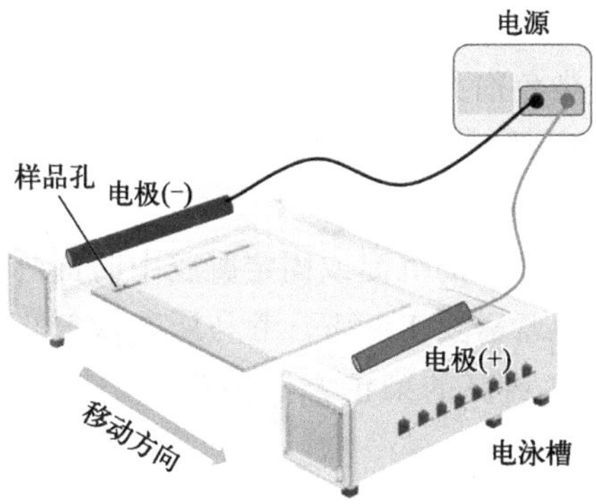

图 4-3　AGE 装置示意图

与 PAGE 不同，AGE 不需要使用浓缩胶。因为 DNA 分子在溶液中的流动性远大于在凝胶中的流动性，在电泳的初期几分钟内，所有 DNA 分子会集中在凝胶表面，形成一条紧密的带。这种行为不同于蛋白质样品在电泳过程中的表现。

PAGE 也可以用于小片段 DNA 分离。AGE 与 PAGE 的区别见表 4-3。

表 4-3　AGE 和 PAGE 分离 DNA 的不同

凝胶类型	AGE	PAGE
原料	琼脂糖	丙烯酰胺和 Bis 交联聚合物
凝胶制备方法	溶解和凝固	化学反应-交联聚合
核酸回收方法	溶解与抽提	分解和扩散或电洗脱
DNA 大小/bp	50～50000	5～3000
核酸分辨率	5～10 个核苷酸	1 个核苷酸
主要应用	分离核酸	分离蛋白质

(3) 样品缓冲液　样品缓冲液通常含有溴酚蓝等可电离的跟踪染料，用于监测电泳的进行。此类染料还具有多种用途，如颜色指示剂、酸碱 pH 指示剂和生物染色剂。例如，溴酚蓝在 pH 为 3 左右时为黄色，pH 超过 4.8 时变为蓝色。此外，样品中经常加入蔗糖来增加溶液的密度，确保样品沉降至凝胶孔底部。

2. 电泳缓冲液

所有电泳实验都在适当的缓冲液中进行，以维持分离组分的恒定电离状态。改变缓冲液的 pH 会改变待分离物质的总电荷，从而影响其迁移率。因此，凝胶电泳缓冲液对于维持电泳体系的稳定性、保证分离物质电荷的均匀分布，并有效分离蛋白质或核酸样品至关重要。

常用的 AGE 缓冲液是 TAE（Tris-乙酸盐-EDTA 缓冲液），其 pH 维持在 8.0～8.5。这一弱碱性 pH 有助于 DNA 在电泳过程中的稳定性及其正确分离。缓冲液中的 EDTA 是一种螯合剂，能够结合 Mg^{2+} 等二价阳离子，抑制如 DNase 等酶的活性，从而保护 DNA 不被降解。此外，EDTA 有助于从凝胶中回收 DNA。对于大于 10kb 的 DNA 分子，TAE 缓冲液的缓冲能力较低，适合用于短时间电泳。TAE 缓冲液通常以 50×浓缩液的形式保存，而 TBE 缓冲液则通常保存为 10×浓缩液。

3. 染料

PAGE 中常用的蛋白质染色剂为考马斯亮蓝 R250。电泳过程中，溴酚蓝指示剂将指示电泳进程，待其到达凝胶底部时，关闭电流并卸下凝胶。使用 1g/L 考马斯亮蓝 R250 溶液进行染色，配制溶剂为甲醇∶水∶冰醋酸（45∶45∶10，体积比）的混合溶液。酸-甲醇混合溶液能起到变性作用，帮助沉淀或固定凝胶中的蛋白质，防止染色过程中蛋白质从凝胶上被洗脱。染色过程通常需要 1～2h。考马斯亮蓝 R250 染色的灵敏度较高，能够检测到 100ng 蛋白质。灵敏度更高的染色方法为银染，其灵敏度是考马斯亮蓝 R250 的 100 倍，能够检测到 1ng 蛋白质。

核酸电泳时，可将荧光染料加入加热熔化的 50℃凝胶液中，混匀后迅速倒入电泳板。电泳完成后，卸下凝胶。需要注意的是，溴化乙锭（EtBr）具有强烈的致癌性，非必要时应尽量选择低毒的荧光染料。使用 EtBr 时应在通风柜中操作，佩戴手套，并按照危险废物处理程序处置受污染的溶液和凝胶。

4. 脱色液

聚丙烯酰胺凝胶的脱色液与染色液的酸-醇混合液浓度相同，但不含染料。脱色一般需要过夜，若稍微加温并频繁更换脱色液，则可以加快脱色过程。

5. 凝胶成像系统

在脱色后，聚丙烯酰胺凝胶会被放入凝胶成像系统，并在可见光下观察电泳条带的情况，拍照保存。核酸电泳完成后，直接将凝胶放入凝胶成像系统，并使用紫外光作为激发光源，观察荧光条带并通过条带位置判断碱基长度。紫外光会损伤 DNA，导致缺口或碱基二聚体的形成，因此在回收 DNA 时应尽量缩短紫外线照射时间，并确保做好个人防护。

第二节
SDS-聚丙烯酰胺凝胶电泳分离蛋白质

SDS-聚丙烯酰胺凝胶电泳（SDS-PAGE）是分析蛋白质最常用的技术之一。聚丙烯酰胺凝胶是一种具有多孔结构的胶，其孔径接近蛋白质分子大小，因此能够有效提高对蛋白质的分辨能力。此外，SDS-PAGE 具有操作简便、重复性好、凝胶透明、易于显色和观察等优点，这些特性使其在其他分析方法中具有不可替代的优势。因此，SDS-PAGE 在分子生物学实验室中得到了广泛的应用。本实验通过对大肠杆菌重组蛋白质的电泳分析，旨在帮助学习者掌握 SDS-PAGE 的原理和操作方法。

一、实验目的

① 学习 SDS-PAGE 的原理；

② 掌握 SDS-PAGE 分离蛋白质的方法。

二、实验原理

聚丙烯酰胺凝胶是由单体丙烯酰胺（Acr）和交联剂 N,N'-亚甲基双丙烯酰胺（Bis）

在催化剂过硫酸铵和加速剂 TEMED 的共同作用下，发生交联反应，具有三维网状结构。

SDS-PAGE 实验中，最典型的不连续系统由分离胶和浓缩胶组成，样品中加入阴离子表面活性剂十二烷基硫酸钠（SDS）和还原剂 β-巯基乙醇进行处理。SDS 使蛋白质变性，其疏水部分与蛋白质主链结合；β-巯基乙醇能够切断蛋白质中的二硫键，使得各个亚基均带负电荷。蛋白质的迁移速率与其分子大小成反比，较小的蛋白质迁移较快，因此可以通过与分子量标准品的比较来估算其分子量。对于膜蛋白、糖蛋白、磷酸化蛋白和脯氨酸含量较高的蛋白质，SDS 的结合量与常规蛋白质有所不同，因此这些蛋白质在 SDS-PAGE 上的表观分子量可能与实际分子量有所偏差。

蛋白质的迁移速率与聚丙烯酰胺浓度有关，浓度越高，形成的网孔越小，一般浓度范围为 5%～15%。浓缩胶的 pH 为 6.8，分离胶的 pH 为 8.8，电泳缓冲液使用 Tris-甘氨酸-SDS 缓冲液（pH 8.3）。在浓缩胶中，电泳缓冲液中的甘氨酸作为两性离子，迁移率较低。蛋白质分子在较高迁移率的氯离子和甘氨酸之间迁移，并在浓缩胶与分离胶的交界处浓缩。当蛋白质进入分离胶时，甘氨酸带负电荷，迁移率大于蛋白质，进一步推动蛋白质分离。

电泳样品加入样品处理液后，需在沸水浴中加热 3～5min，使 SDS 与蛋白质充分结合，从而使蛋白质完全变性并解聚，形成棒状结构。SDS 与蛋白质结合后，蛋白质-SDS 复合物带有大量负电荷，平均每两个氨基酸残基结合一个 SDS 分子，从而完全掩盖了蛋白质本身的电荷差异。这样，样品中的所有蛋白质都以相同的负电荷状态参与电泳。样品处理液中通常还加入溴酚蓝染料，用于监控电泳过程的进行。此外，还可以在样品处理液中加入适量的蔗糖或甘油，以增加溶液的密度，确保样品在加样时能够沉入样品槽的底部。

三、材料、试剂与仪器

1. 实验材料

异丙基硫代-β-D-半乳糖苷（IPTG）诱导表达前和诱导表达后的蛋白样品。

2. 试剂

30%的丙烯酰胺母液、1.5mol/L Tris-HCl（pH8.8）、1.0mol/L Tris-HCl（pH6.8）、1×Tris-Gly 电泳缓冲液（pH 8.3）、脱色液、染色液、0.1g/mL SDS 10mL、0.1g/mL 过硫酸铵（APS）、TEMED、4×蛋白上样缓冲液、6×蛋白上样缓冲液、2-巯基乙醇蛋白质分子量标准液、异丙醇、二硫苏糖醇（DTT）、去离子水。

4×蛋白上样缓冲液：1mol/L Tris-HCl（pH6.8）25mL，SDS 8g，蔗糖 20g，适量的溴酚蓝指示剂，加入去离子水至 100mL，混匀，4℃保存。

Tris-Gly 电泳缓冲液（pH 8.3）：Tris 30.3g、甘氨酸 144g、SDS 10g，加入去离子水至 1L，混匀，室温保存。

染色液：考马斯亮蓝 R250 0.5g、乙醇 10mL、醋酸 15mL，加入去离子水至 200mL，混匀，室温保存。

脱色液：500mL 乙醇、150mL 醋酸，加入去离子水至 2L，混匀，室温保存。

0.3g/mL 的 Acr-Bis 混合液：将 Acr 29g 和 Bis 1g 溶解于 60mL 去离子水，加热至 37℃溶解，定容至 100mL 混匀，4℃避光保存。

1.5mol/L Tris-HCl（pH8.8）：181.71g 的 Tris 溶解在约 800mL 去离子水中，测试 pH 同时添加 HCl，调 pH 为 8.8，定容至 1L。

1.0mol/L Tris-HCl（pH6.8）：121.14g 的 Tris 溶解在约 800mL 去离子水中，测试 pH 同时添加 HCl，调 pH 6.8，定容至 1L。

0.1g/mL SDS：100g SDS 溶解到 900mL 去离子水中，定容至 1L，室温保存。

浓缩胶：在 1mol/L Tris-HCI（pH 6.8）50mL、0.3g/mL 的 Acr-Bis 56mL、0.1g/mL SDS 4mL，加去离子水至 400mL，4℃保存

0.1g/mL APS：将 1g 的过硫酸铵（APS）溶解在 8mL 的去离子水中，定容至 10mL。

3. 实验仪器

垂直板电泳槽、稳压稳流电泳仪、恒温水浴锅、凝胶成像系统。

四、实验步骤

1. 制备 SDS-PAGE 凝胶

① 组装胶板：电泳玻璃板洗净，晾干后组装，加入去离子水检查是否漏液。液态的丙烯酰胺有神经毒性，操作时应避免直接接触。

② 配制分离胶：按照表 4-4 中的配方配制分离胶，最后加入 TEMED，并迅速轻轻地单向旋转混合，以防止气泡的产生。使用移液器将混合液注入两块玻璃板之间的间隙中，直到液体接近红色板的上边缘。在胶面上小心地覆盖一层异丙醇，进行封闭。

③ 当异丙醇和凝胶界线清晰可见时，取出异丙醇，并用去离子水清洗 2～3 次，用吸水纸吸干表面残留的水分，然后注入浓缩胶（配制见表 4-4），插入样品梳子。

④ 完成聚合并移除梳子：约 15min 后，聚合反应完成。轻轻拔出齿梳，取出玻璃板，并撕去封玻璃夹板的橡胶条。将玻璃夹板的“凹”面紧贴电泳槽，并使用夹子将其固定好。

2. 样品处理

向 20μL 蛋白质样品溶液中加入 6μL 4×蛋白上样缓冲液，再加入 1μL 2-巯基乙醇，95℃保温 3min，或煮沸处理。或向 20μL 蛋白质溶液中加入 20μL 商品 6×蛋白质上样缓冲液，100℃加热 5min。

表 4-4　分离胶与浓缩胶的配制方法

组分	10%分离胶	5%浓缩胶
H_2O/mL	4.0	2.7
0.3g/mL Acr-Bis/mL	3.3	0.67
1.5mol/L Tris-HCl(pH8.8)/mL	2.5	—
1mol/L Tris-HCl(pH6.8)/mL	—	0.5
0.1g/mL SDS/μL	100	40
0.1g/mL APS/μL	100	40
TEMED/μL	10	10
总体积/mL	10	4

3. SDS-PAGE 电泳

① 从制胶器上取下胶板，固定到电泳槽上，向电泳槽中加入 300mL 1×电泳缓冲液。

从左侧上样孔依次加入：IPTG 诱导表达前样品（无 DTT）、IPTG 诱导表达前样品（有 DTT）、IPTG 诱导表达后样品（无 DTT）、IPTG 诱导表达后样品（有 DTT）、5μL 蛋白质分子量标准液，剩余空白孔加入适量的 4×蛋白上样缓冲液。每个样品孔上样量为 10～20μL。

② 盖好盖子并连接电源（红接红，黑接黑），以 100V 电压进行电泳，或进行恒流电泳。待溴酚蓝指示剂接近凝胶前端时停止电泳，关闭电源，取出凝胶。

4. 考马斯亮蓝染色与脱色

① 将凝胶板从电泳槽中取出，取下凝胶并切除浓缩胶。在凝胶的右上角切掉一个小角，以便标记样品的顺序。

② 将凝胶放入培养皿中，加入染色液，确保完全覆盖胶面，染色 1～2h。

③ 回收染色液，用去离子水或脱色液冲洗凝胶 2～3 次，再加入脱色液进行脱色。可以更换脱色液，直到看到清晰的蛋白质条带。

④ 将凝胶置于凝胶成像系统中观察结果，拍照并进行分析。

五、结果与问题分析

① 比较重组 *E. coli* 诱导表达前后的蛋白样品，确定目的蛋白的表达情况。

② 与蛋白质 Marker 进行对照、分析，确定目的蛋白的分子量。

六、注意事项

① Acr、Bis（神经毒性）、醋酸、盐酸及 SDS 配制及制胶过程戴手套、口罩、护目镜，穿好实验服，并在通风橱中进行操作。

② 根据分离蛋白分子量确定分离胶的浓度。低浓度凝胶在高分子量范围内的分辨率高，高浓度凝胶在低分子量范围内的分辨率高。

③ 选择合适的电泳条件：电压过高，产热会导致电泳过程紊乱；电压过低，蛋白条带扩散，不易形成清晰条带。

④ 电泳电源开启状态下勿操作电泳槽，切断电源后再进行操作。

⑤ 制作凝胶时使用的丙烯酰胺单体是一种具有催泪性和刺激皮肤的神经毒素，应戴上防护手套。废弃时要让聚丙烯酰胺聚合，使其无毒后再作为实验垃圾处理。

七、思考题

① 电泳缓冲液 pH 如何影响蛋白质电泳？

② 电泳缓冲液与分离蛋白质的等电点之间是何关系？

第三节
琼脂糖凝胶电泳分离 DNA

琼脂糖凝胶电泳（AGE）是一种常用的分离分析 DNA 和 RNA 等生物大分子的技术。在琼脂糖凝胶中，样品在电场作用下根据分子的大小和形状进行分离。该方法广泛应用于 DNA 的分离与克隆、PCR 产物的分析、RNA 的分离与定量等分子生物学研究领域。其主要优点是毒性较低，操作简单。

一、实验目的

① 理解 AGE 分离核酸的基本原理；
② 掌握 AGE 分离分析 DNA 的方法。

二、实验原理

琼脂糖是从海藻等天然来源中提取的多糖类物质，在热水中膨胀后可形成凝胶。将该凝胶倒入电泳容器中后，将 DNA 样品制成溶液并加载到凝胶中。接着，通过对电泳槽施加电压，DNA 等分子在凝胶中开始迁移。由于分子大小和形状的不同，它们的迁移速度也不同，从而可以分离不同的分子。

水溶液中的核酸带有负电荷，在电场作用下会朝着正极方向迁移。琼脂糖凝胶具有网状结构，核酸分子在其中根据分子大小进行分离。分子量越小的核酸分子，其移动速度越快；分子量较大的核酸分子则移动较慢。这一特性使得 AGE 成为分离不同大小核酸分子的有效方法。

为了检测分离后的核酸，通常会使用荧光染料对其进行染色。染色后的核酸分子能够在紫外光下发出荧光，从而可被检测到。除了通过检测分子大小进行分析外，染料的荧光强度也与核酸的量成正比。因此，通过比较不同样品条带的荧光强度，可以定量测定样品中核酸的含量。核酸电泳方法主要有两种类型：一种是在分离核酸后再进行染色，另一种是在分离前对核酸或凝胶进行染色。这两种方法各有特点，可以根据实验需求选择使用。电泳检测得到的 DNA 量与所使用的染色剂种类密切相关。最传统的染色剂之一是溴化乙锭（EtBr），其最低可检测到 10ng 的 DNA 量，但要获得清晰的条带，通常需要 100ng 的 DNA。

三、材料、试剂与仪器

1. 实验材料

DNA 样品、DNA Marker（DNA 分子量标准）液、琼脂糖。

2. 试剂与配制

50×TAE 缓冲液：Tris 121g，EDTA-2Na-2H_2O 9.3g，醋酸 28.5mL，去离子水 500mL。无须调节 pH。稀释 50 倍即为 1×TAE 缓冲液。

EDTA（0.5mol/L，pH8.0）缓冲溶液：$Na_2EDTA \cdot 2H_2O$ 9.31g 溶于 40mL 去离子水中，一边加 NaOH，一边搅拌，将 pH 调至 8.0，大约需要 1g NaOH，定容至 50mL。配制过程小心防护，戴护目镜、口罩和手套，在通风橱中操作。

6×样品缓冲液：溴酚蓝指示剂 2.5mg，去离子水 690μL，0.5mol/L EDTA（pH8.0，冷藏）10μL，甘油 300μL。

1%琼脂糖凝胶：取 1.0g 琼脂糖，加入 100mL 的 1×TAE 电泳缓冲液中，加热使其完全溶解。若用微波炉要小心观察防止暴沸，注意防止烫伤。

3. 实验仪器

电泳电源、电泳槽、锥形瓶（300mL）、塑料薄膜、微量移液器（20μL）、凝胶成像系统。

四、实验步骤

1. 制备琼脂糖凝胶

① 在 100mL TAE 缓冲液中加 1g 琼脂糖，其浓度为 0.01g/mL。

② 覆盖保鲜膜，放入微波炉加热 1～2min，为了防止暴沸，仔细观察凝胶溶解程度。

③ 将冷却至不烫手时，加入 5μL 荧光染料 GoodView，迅速混匀，立刻倒入模具。

2. 电泳

① 将凝胶板装入电泳槽。

② 加 1×TAE 缓冲液，确保缓冲液覆盖凝胶面 1～2mm。

③ 吸取 5μL 提取的质粒 DNA 样品，加 1μL 上样缓冲液（含溴酚蓝指示剂）混匀，将样品加入齿孔，与 5μL DNA 分子量标准液，进行比较，记录加样顺序；注意不同样品换枪头，加样时小心操作，切勿穿透凝胶。

④ 盖好电泳槽盖子，连接电源（红接红，黑接黑），以 100 V 进行电泳或进行恒流电泳。待溴酚蓝指示剂接近凝胶前端时，停止电泳。电泳一般需要 15～30min。

⑤ 关闭电源后，戴上橡胶手套，小心地将凝胶连同模具一起从电泳槽中取出。将凝胶从模具中轻轻推入保鲜膜上，放入凝胶成像系统中，打开紫外线灯进行观察并拍照记录。

五、结果与问题分析

1. 比较分析 DNA 提取分离情况

通过电泳分析可以确认样品中 DNA 的提取和分离情况。电泳图谱可以揭示 DNA 样品中各个片段的大小分布，帮助确定核酸片段的完整性和纯度。此外，电泳还可以用来检测 PCR 扩增是否成功。如果 PCR 反应成功，目标 DNA 片段应该呈现出特定大小的条带，并且清晰可见。

2. 与 DNA Marker 进行比对

通过与 DNA Marker 进行比对，可以分析样品中 DNA 片段的大小。DNA Marker 含有已知大小的标准 DNA 片段，作为参照物，能够帮助准确判断样品中 DNA 片段的分子量。通过比较样品条带与 Marker 条带的位置，可以确定目标 DNA 分子的大小，并进一步分析扩增结果是否符合预期。

电泳的影响因素很多，主要有以下几种：被分离物质的带电荷量、电场强度、缓冲液的 pH 和离子强度及支持介质的化学惰性。被分离物所带电荷量是影响电泳速度的最重要因素，电泳速度与之成正比，带电荷量越多，电泳速度越快，反之亦然。电场强度对电泳速度起着重要作用，电场强度越高，带电粒子移动越快。溶液的 pH 值决定带电物质的解离程度，也决定物质所带净电荷的多少，pH 值离等电点越远，粒子所带的电荷越多，泳动速度越快，反之越慢。溶液离子强度越高，粒子的泳动速度越慢，但区带分离却较清晰；反之，溶液的离子强度低，可加快电泳速度，但区带分离较差。

通过电泳图谱可以检测所提 DNA 片段的大小和相对纯度，也可用于特定片段纯化。质粒 DNA 是以共价闭环超螺旋形式存在，若在提取过程中质粒 DNA 其中一条链有断裂或多处断裂，则解螺旋成环状 DNA 分子；若在两条链的同一处断裂，则成线状 DNA 分子。电泳时它们的迁移速度：共价闭环 DNA＞直线 DNA＞开环的双链环状 DNA。

六、注意事项

① 在学生实验中，通常选择低毒性的核酸电泳荧光染料来替代溴化乙锭（EtBr），因为 EtBr 与 DNA 结合后会阻碍 DNA 的正确复制与转录，并具有强致癌性。在科学研究中使用 EtBr 的情况下，在处理含 EtBr 的溶液和凝胶时，必须佩戴一次性塑料手套等个人防护用品。安全处置方法：在废液中加入浓度为 1mg/mL 的活性炭，搅拌均匀，室温下静置吸附 12h，用滤纸过滤废液，再将滤纸进行焚烧处理，或将凝胶直接焚烧。

② 制作琼脂糖凝胶进行煮沸操作时，应佩戴耐热手套，避免使用乙烯类手套，以防手套熔化引发烧伤。

③ 如果将高温的琼脂糖凝胶倒入制胶模具中，可能会导致模具变形。因此，凝胶应冷却至可以用手触摸的程度再进行灌注，但如果冷却过度，则可能导致气泡产生或胶面不平整。

④ 使用紫外光对 DNA 进行观察可能会对 DNA 造成损伤，产生缺口或形成碱基二聚体。因此，在回收 DNA 凝胶时，需尽量减少紫外光下的暴露时间，并采取适当的个人防护措施。

⑤ DNA 酶和 RNA 酶在自然界中广泛存在，可能会导致 DNA 和 RNA 样品的降解，从而影响实验结果。为了避免样品被降解，实验操作中必须佩戴手套。乙醇或加热处理可有效破坏 DNA 酶；RNA 非常敏感，RNase 不易失活，对高压灭菌、紫外线照射和乙醇等有较强耐受性。除了佩戴手套操作外，对实验器具和样品的处理，尤其是使用焦碳酸二乙酯（DEPC）进行容器和样品的处理，也十分重要。

七、思考题

① DNA 在进行 AGE 时，为何 DNA 分子向正极移动？

② 质粒 DNA 的琼脂糖凝胶，为何可能会出现 1～3 个条带？

第二篇

综合设计与科研转化实验

第五章

油脂的基本性质及脂肪酶催化制备可再生生物燃料

能源和环境问题是目前人类所面临的两大问题，如何处理好两者的关系，实现环境友好型新能源的开发已成为人类亟待解决的问题。工业生物技术的飞跃发展有助于解决大量传统行业的瓶颈问题，因此，以工业生物技术为基础的生物质能源制造技术可能成为能源和环境协同发展问题的最终解决方案。生物液体燃料，特别是生物柴油，作为可再生生物质能源的主要形式之一，目前正逐步被接受及应用，其高效、环保的制备工艺开发已成为当前生物质能源研究的热点之一。

生物柴油由短链醇进行脂肪酸酯化或油脂转酯制得。理论上，任何来源的油脂都可以作为生物柴油的原料。大量废弃的食用油和动物脂肪遍布世界各地，非法倾倒和垃圾填埋污染了水资源和土地资源。中国作为粮食油料消费大国，餐饮废油基数大、产量惊人，开发绿色高效的以城市餐饮废油为基础的生物液体燃料制备方案迫在眉睫。生产生物柴油不仅可以减轻石化资源日趋枯竭带来的压力，而且可以解决环境污染问题。针对目前城市餐饮废油酶法制备生物柴油催化剂脂肪酶易失活、催化成本较高的问题，作者科研团队以自主开发的 *Candida* sp. 99-125 脂肪酶为催化剂进行了大量研究，为生物柴油的工业化生产奠定了理论基础。

第一节 油脂酸值的测定

油脂是人类膳食的重要组成部分，是人类机体所必需的三大宏量营养素之一。油脂在运输和储存过程中，受热、光、空气中的氧气及油脂中水分和酶的作用，会发生各类化学变化而引起油脂品质的改变，即酸败。酸败程度可以用酸值（又称酸价）来表示，酸值是油脂中游离脂肪酸含量的标志，是评价食用油脂质量的重要指标之一。油脂除了在食品工业中有重要用途之外，也是制药辅料、化妆品的重要成分及制造肥皂的重要原料，油脂作为核心原料用于生产生物燃料，是双碳目标下实现减排增效不可或缺的解决方案。油脂酸值是油脂在各应用领域重要的指标之一。通常以中和 1g 油脂中游离脂肪酸所需要 KOH 的质量（mg）数值来表示，酸值越小，表明油脂品质越好，新鲜度及精炼度越好。

一、实验目的

熟悉酸值测定的原理，掌握生物油脂酸值测定的方法。

二、实验原理

油脂酸值测定通常采用酸碱滴定法，典型的测量程序是将一份分量已知的样品溶于有机溶剂，用浓度已知的 KOH 溶液滴定，并以酚酞溶液作为颜色指示剂。油脂中的游离脂肪酸与 KOH 发生中和反应，从 KOH 标准溶液消耗量可计算出游离脂肪酸的量，反应式如下：

$$RCOOH + KOH \longrightarrow RCOOK + H_2O$$

三、材料、试剂与仪器

1. 实验材料

油脂（植物油酸）。

2. 实验试剂

0.1mol/L 的 KOH 标准溶液：称取 5.61g 干燥至恒重的分析纯 KOH 溶于 100mL 去离子水（此操作在通风橱中进行，佩戴护目镜），降至室温后加入 900mL 乙醇混匀后用于标定，以确定其准确浓度。

0.01g/mL 酚酞乙醇溶液：称取 1g 酚酞溶于 100mL 95%乙醇中。

中性无水乙醇：无水乙醇加入酚酞指示剂数滴，用 KOH 溶液中和至微红色。

3. 实验仪器

碱式滴定管（25mL）、具塞锥形瓶（25mL）、电子天平等。

四、实验步骤

① 准确称取干燥冷却至恒重的邻苯二甲酸氢钾 0.2g（准确至 0.0001g），置于 250mL 洗净的锥形瓶中，加入 50mL 去离子水溶解，加酚酞指示剂 1～2 滴。

② 用 KOH 溶液洗涤碱式滴定管 3 次，洗涤时，将 KOH 溶液从滴嘴放出，洗涤结束后，加入 KOH 溶液到 0 刻度线上方，观察是否有气泡，若有，按正确排气泡方式赶出气泡，调节液面至 0 刻度。

③ 将滴定管放在铁架台的右边，一边摇荡，一边用 KOH 溶液滴定，滴定速度不宜太快，最快只能成串滴出。直至溶液呈浅红色，且摇动后在 0.5min 不褪色，即为终点。

④ 根据邻苯二甲酸氢钾的质量 m 和所用 KOH 溶液的体积 V，计算 KOH 溶液的准确浓度。

⑤ 称取植物油酸 0.1～0.2g 于锥形瓶中，加入中性无水乙醇溶液 10mL，摇动使试样溶解，再加 2～3 滴酚酞指示剂，用 0.1mol/L KOH 标准溶液滴定至出现微红色且 30s 不消失，记下消耗的碱液体积（V，mL）。

五、结果与分析

油脂酸值 AV（mg/g）按下式计算：

$$AV = VcM/m$$

式中 V——滴定消耗的 KOH 溶液体积，mL；
c——KOH 溶液的浓度，mol/L；
M——KOH 的摩尔质量，56.11g/mol；
m——试样质量，g。

测定结果取小数点后 1 位，此处植物油酸的酸值为 AV_0（该数值用于本章第四节实验的计算）。

六、注意事项

KOH 遇水和水蒸气大量放热，形成腐蚀性溶液，具有强腐蚀性。操作人员在称取药品时需佩戴防护口罩、手套，配制时需在通风橱内进行。

七、思考题

① KOH 溶液为什么需要标定？
② 除邻苯二甲酸氢钾外，还有哪些标准试剂可用于标定？

第二节 油脂皂化反应及其手工皂的制备

皂化反应是碱（通常为强碱）催化下的酯被水解，而生产出醇和羧酸盐，狭义地讲，是指油脂与 NaOH 或 KOH 混合，得到高级脂肪酸的钠/钾盐和甘油的反应。皂化反应是一种重要的化学反应，在日常生活中有广泛的应用。它可以用来制造洗涤剂、洗发水、沐浴露等清洁用品，也可以用来制造化妆品、护肤品等。皂化反应的产物具有良好的清洁性能，可以有效去除污垢，保护皮肤，改善皮肤状况，提高皮肤的抗菌能力，从而起到护肤的作用。

一、实验目的

① 加深对油脂皂化反应原理的理解；
② 掌握实验室制作手工皂（油脂类产品）的方法。

二、实验原理

皂化反应的化学反应机制于 1823 年被法国科学家 Eugène Chevreul 发现。皂化反应是放热反应，过程较为缓慢，可采取保持系统的较高温度、以物理方式不断搅拌溶液以增加分子碰撞的数量及加入乙醇促进油脂充分混合等手段加快反应速度。脂肪和植物油的主要成分是甘油三酯，它和 NaOH 混合后共同煮沸，发生皂化反应，生成高级脂肪酸钠和甘油，前者经加工成型后就是肥皂。

其化学反应式如下：

$$\begin{array}{l}CH_2OOCR\\ |\\ CHOOCR + 3NaOH \longrightarrow 3RCOONa + CH_2OHCHOHCH_2OH\\ |\\ CH_2OOCR\end{array}$$

皂化反应结束后向溶液中加入 NaCl 降低脂肪酸盐的溶解度，从而分离出脂肪酸盐，这一过程叫盐析。高级脂肪酸盐是肥皂的主要成分，经填充剂处理可得到块状肥皂。其去污机制为烃链端为亲油端，羧基端为亲水端，油污被亲油端吸附，由亲水端牵入水中，达到去污效果。

三、实验试剂及仪器

1. 实验材料

牛油（或其他动植物脂油）。

2. 实验试剂

NaOH、95％乙醇、50％乙醇、脱脂纱布、NaCl、去离子水。

40％（质量分数）NaOH 溶液：80g NaOH 溶于 120mL 去离子水中。配制过程中，边缓慢加入 NaOH，边搅拌，以免产生大量热，并戴好口罩、护目镜及橡胶手套，在通风橱中操作。

饱和 NaCl 溶液：称取 540g NaCl 置于 2L 烧杯中，加水 1.5L，加热溶解。

3. 实验仪器

烧杯（500mL 1 个、大于 2L 两个），玻璃棒，水浴锅。

四、实验步骤

① 取牛油 60g、95％乙醇 50mL、40％（质量分数）NaOH 100mL 置于 1L 烧杯中，搅拌溶解，必要时可加热。

② 将烧杯置于 95℃水浴锅中，搅拌进行皂化反应。反应过程中，乙醇和水蒸发而减少应随时补充 50％乙醇，以保持原有体积。

③ 取出几滴上述反应液于试管中，加入 5～6mL 去离子水，加热振荡。静置时，有油脂分出，说明皂化不完全，可滴加 NaOH 溶液继续皂化。皂化反应完成一般需要 15～30min。

④ 于皂化完成的黏稠液中，缓慢加入 95℃的去离子水 200mL，搅拌均匀。然后加入 1L 95℃的饱和 NaCl 溶液中，边加边搅拌。静置，油脂酸钠便盐析上浮，待全部析出、凝固后用玻璃棒取出，用纱布包裹挤压去除过量水分后得到固体物质，冷却过夜即得到皂基。

⑤ 取 50g 皂基和 7mL 去离子水（也可更换为 7mL 牛奶，即为牛奶皂），加入 500mL 烧杯中，然后将烧杯置于 85℃水浴锅中，待皂基完全呈液态后，按个人喜好加入 1～2 滴色素及香精进行配色配香，倒入模具，将底部刮平、去除气泡。静置 45min，待充分冷却后从模具中取出即获得手工皂产品。

五、结果与分析

产品展示：每组展示自己所做产品并总结归纳实验中发现的问题。

六、注意事项

① 油脂低温和常温下不易溶于碱水，加入乙醇为的是增加油脂在碱液中的溶解度，加快皂化反应速度。

② 加热可用水浴或电加热板，皂化反应过程中需持续搅拌，直至完全反应。

③ 皂化反应过程中，保持混合液的原有体积，防止煮干或溅出容器。

④ 操作过程中保持警惕，严防混合液及碱液触及皮肤。碱液不慎沾到皮肤，立刻用湿抹布抹去，然后用大量水冲洗，严重时应立刻就医。

⑤ 实验前戴好护目镜，防止碱液溅入眼睛。若不慎溅入眼睛，立刻打开紧急洗眼器，用清水冲洗 15～20min，冲洗过程保持眼睛睁开，头部偏向受伤侧，让水从内眼角向外眼角流动，冲洗完成立刻就医。

七、思考题

① 皂化反应液中加入饱和 NaCl 水的作用是什么？

② 如何检测油脂皂化反应是否完全？

第三节
脂肪酶非水相催化反应酯化活性测定及其米氏方程绘制

脂肪酶是一类羧基酯水解酶，既能进行水解反应，将甘油三酯水解成甘油和脂肪酸，又能在非水相（如无溶剂或有机溶剂）条件下进行酯化或转酯化反应。脂肪酶普遍存在于动、植物和微生物（如霉菌、细菌等）中，是目前应用最广泛的酶制剂之一，可用于食品、医药、皮革、日用化工、生物柴油等多个领域。

一、实验目的

① 了解脂肪酶非水相催化反应；

② 掌握脂肪酶酯化活性测定的原理和基本方法。

二、实验原理

酯化活性是脂肪酶的重要性质之一，是指其在一定反应条件下催化脂肪酸和醇类物质进行反应生成酯的能力，通常以单位时间内消耗脂肪酸或生成的酯的量来衡量。1 个脂肪酶活力单位（U）是在特定条件下，在单位时间内催化消耗 1μmol 脂肪酸或生成 1μmol 酯所需的酶量。脂肪酶酯化活性常用的检测方法有酸碱滴定法和气相色谱法，其中酸碱滴定法通过碱滴定反应前后脂肪酸量的变化，从而计算脂肪酶酯化活性，该方法成本较低，操作简单，是实验室常规使用的方法。

三、材料、试剂与仪器

1. 实验材料

脂肪酶。

2. 实验试剂

月桂酸、正己烷、正辛醇、乙醇、酚酞指示剂、无水乙醇、1%酚酞溶液。

0.1mol/L 的 KOH 标准溶液（配制方法见本章第一节）。

3. 实验仪器

移液器、电子天平、摇床、滴定管、碱式滴定管（25mL）、具塞锥形瓶（25mL）等。

四、实验步骤

1. 脂肪酶酯化活性检测

① 取 0.1g 月桂酸、158μL 正辛醇、5mL 的正己烷加入具塞锥形瓶，40℃预热 5min。

② 加入 0.02g 脂肪酶，立刻放入 40℃摇床开始计时，180r/min 振荡反应 30min，反应结束立即加入 15mL 乙醇混匀以终止反应。

③ 加入 5 滴酚酞指示剂，用 0.1mol/L 的 KOH 标准溶液滴定，计算反应月桂酸的量。

④ 做 3 个平行样品计算脂肪酶酯化活力。

2. 脂肪酶酯化反应米氏方程绘制

① 分别取 20mg、40mg、60mg、80mg 和 100mg 月桂酸置于不同具塞锥形瓶中，分别加入 158μL 正辛醇及 5mL 正己烷，40℃预热 5min。

② 加入 0.02g 脂肪酶，在 40℃的恒温摇床中，180r/min 振荡反应 30min，反应结束立即加入 15mL 乙醇混匀以终止反应。

③ 加入 5 滴酚酞指示剂，用 0.1mol/L 的 KOH 标准溶液滴定，计算反应月桂酸的量，空白对照组为不加入脂肪酶。

④ 取 3 个平行实验的平均值，绘制米氏方程图，计算米氏常数、最大反应速度。

五、结果与分析

$$\text{脂肪酶酯化活力}=\frac{(V_1-V_0)\times N}{T}$$

式中，V_1 和 V_0 分别为实验组和空白对照组所消耗的 KOH 标准溶液的体积，mL；N 为每毫升标准溶液 KOH 的物质的量，μmol/mL；T 为反应时间，min。

米氏方程计算以底物浓度（月桂酸）倒数（1/[S]）与反应速率倒数（$1/V$）作图，即得米氏方程图，即脂肪酶酯化反应 Lineweaver-Burk 双倒数曲线图（图 5-1），其中，与纵向轴截距为 $1/V_{max}$，延长线与横向轴交点即为 $-1/K_m$。计算时，取 1/[S]=0 时，计算 V_{max}；取 $1/V=0$ 时，计算 K_m。

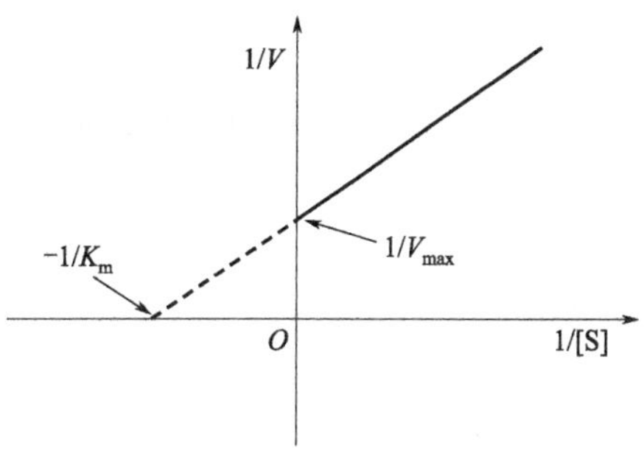

图 5-1 Lineweaver-Burk 双倒数曲线图

六、注意事项

① 加入脂肪酶前需将溶剂及底物混合液预热至 40℃。

② 加入脂肪酶后立刻放入 40℃摇床，加入乙醇终止反应后立刻摇匀充分混合，以保证反应完全终止。

③ 米氏方程实验，确保处于一级反应阶段，否则调整脂肪酶加入量和反应时间。

④ 注意计算时，[S] 为底物浓度，而非产物浓度。

⑤ 涉及酶催化进程曲线，实验需精确计时。

⑥ 注意 KOH 标准溶液配制需标定准确浓度。

七、思考题

① 为什么体系液需要提前预热？

② 脂肪酶酯化反应完成后加入乙醇的作用是什么？

第四节
脂肪酶催化油脂制备可再生生物燃料

开发和利用可再生清洁能源，是应对全球气候变化、实现“双碳”目标与可持续发展的战略支点。脂肪酶可在温和条件下催化动植物油脂或废油酯/油酸进行转酯/酯化，一步制得生物燃料（生物柴油），过程无酸无碱、能耗低，契合绿色化学与循环经济理念。本实验通过固定化脂肪酶催化油酸甲酯化反应，合成生物燃料，体验“油脂→绿色柴油”过程，培养面向未来的低碳科技创新意识与可持续发展观。

一、实验目的

① 熟悉酶法制备生物柴油的操作方法；

② 掌握酶法制备生物柴油的实验室方法。

二、实验原理

脂肪酶（lipase，甘油酯水解酶）隶属于羧酸酯水解酶类，能够逐步将甘油三酯水解成甘油和脂肪酸，并催化该反应的逆反应合成酯类物质。本实验通过控制脂肪酶催化条件，以植物油酸和甲醇为反应底物，固定化脂肪酶为催化剂，在特定条件下合成脂肪酸甲酯（生物柴油）。

反应式如下：

$$RCOOH + CH_3OH \longrightarrow RCOOCH_3 + H_2O$$

三、实验器材

1. 实验材料

脂肪酶粉或固定化脂肪酶。

2. 实验试剂

植物油酸、甲醇（分析纯）以及第一节所需试剂。

3. 实验仪器

电子天平、磁力搅拌加热或恒温振荡混合器、50mL 具塞锥形瓶、滴定管。

四、实验步骤

① 在 50mL 具塞锥形瓶中，依次加入植物油酸 5g，甲醇 0.25mL（油酸与甲醇物质的量之比为 3∶1），混合均匀后加入固定化脂肪酶 1.0g，旋紧瓶塞；

② 将混合均匀的具塞锥形瓶置于 35℃、180r/min 的恒温振荡混合器中，此时开始反应计时；

③ 分别在反应刚开始时、反应 2h 和 4h 时，每次加入甲醇总量的 1/3，即 0.25mL；

④ 总反应时间为 6h，反应结束后从具塞锥形瓶中取 0.1～0.2g 反应上清液进行酸值测定（方法参见本章第一节），并计算该时刻油脂酸值 AV_t。

五、结果与分析

油脂酸值按本章第一节方法计算。

植物油酸转化率计算方法：

转化率＝脂肪酸减少的滴定物质的量(mol)/反应初始时的脂肪酸滴定物质的量(mol)×100％

具体计算公式为：

$$Y=(AV_0-AV_t)/AV_0\times 100\%$$

式中，Y 为植物油酸转化率；AV_0 为 0h 时反应体系的酸值；AV_t 为 t 时刻反应体系的酸值。

六、注意事项

① 反应时锥形瓶的旋塞需塞紧。

② 甲醇加入量需精确计量，不可过量加入。

③ 注意精确计时。

七、思考题

① 为什么甲醇要分 3 次加入？

② 为什么反应需使用具塞锥形瓶而非敞口锥形瓶？

③ 恒温振荡混合器的作用是什么？

第六章

磁性Fe_3O_4纳米粒子及生化实验技术

超顺磁性纳米材料具有优异的理化性质。与普通磁性材料相比，超顺磁性纳米材料展现出良好的磁性响应性能，且在无磁场条件下不具有滞磁（剩磁）现象（图 6-1）。由于其制备简便、具有良好的生物相容性以及表面修饰的便利性，超顺磁性纳米粒子已广泛应用于环境保护、核磁共振成像、生物传感、热疗、纳米载体、免疫检测、药物靶向输送，以及生物催化和生物分离（如细胞、蛋白质、核酸分离）等多个领域。

在生物分离及酶固定化方面，磁性纳米粒子具有显著优势。其能够高效地从复杂体系中分离与其结合的目标化合物，无需稀释样品、离心或膜过滤步骤。此特点使得磁性分离方法不仅能够实现自动化、简化操作流程，还能提高分离效率。磁性纳米粒子的快速分离特性使其在实验室研究及大规模生产过程中都具有重要应用潜力。

本章将详细探讨磁性纳米粒子在酶固定化以及蛋白质和核酸分离等领域的应用。

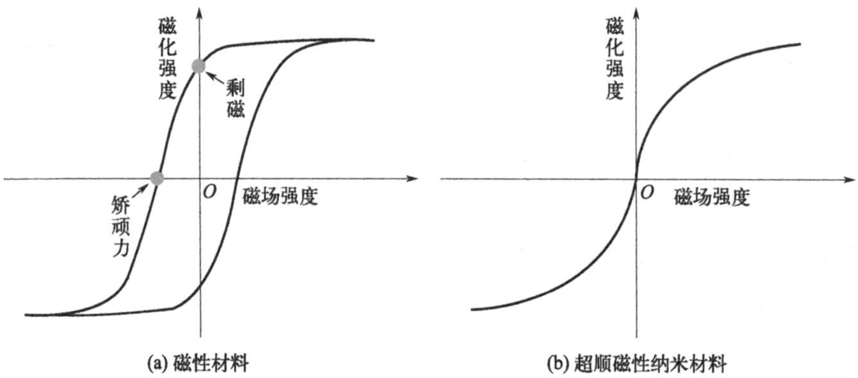

图 6-1　外加磁场对磁性材料和超顺磁性纳米材料的磁响应曲线模式图

第一节
磁性 Fe_3O_4 纳米粒子固定化脂肪酶催化合成生物柴油

生物柴油是一种脂肪酸烷基酯的混合物，作为可再生的替代燃料资源，在全球范围内引起了广泛的关注。脂肪酶是一类能通过水解反应分解油脂中酯键的酶，且在无水环境下能催化酯化反应以及酯与醇之间的转酯化反应。脂肪酶广泛应用于洗涤（去除皮脂污垢）

工业、皮革（脱脂原皮）工业、食品（奶酪制造）工业等多个领域。脂肪酶可用于酯化、转酯合成等工艺来制备具有特定结构的油脂和代可可脂，以及将植物油或废弃食用油转化为生物柴油。

本实验将脂肪酶通过偶联-吸附法固定在环氧活化的 Fe_3O_4 纳米粒子上，提高酶的可重复利用性，有利于生物柴油的循环制备（图 6-2）。采用磁性 Fe_3O_4 粒子作为固定化介质，还能够拓宽反应的温度范围，节约能耗。

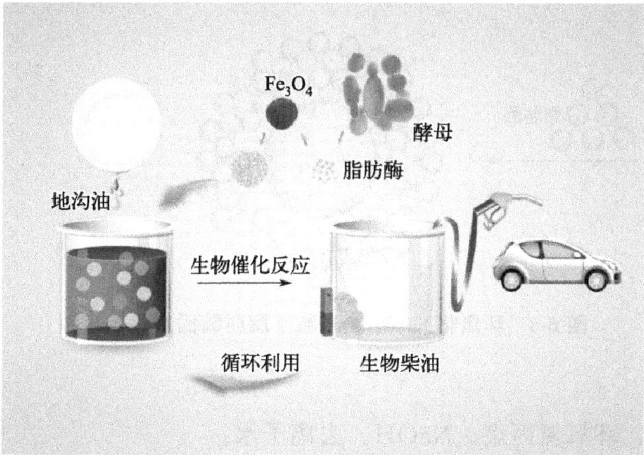

图 6-2 固定化脂肪酶催化以废食用油为原料生产生物柴油及应用示意图

一、实验目的

① 掌握酶固定化的基本概念以及脂肪酶的固定化方法；
② 了解生物柴油的制备方法；
③ 掌握气相色谱（GC）检测分析脂肪酸的方法。

二、实验原理

酯交换法（或醇解法）是通过甘油三酯和醇在催化剂的作用下反应生成脂肪酸烷基酯（生物柴油）和甘油。由于反应速度快、条件温和，酯交换法已成为生物柴油生产中的主流方法。在酯交换反应中，常用的催化剂包括酸、碱和酶。相比于酸、碱等化学催化剂，脂肪酶作为生物催化剂，因其可重复使用、可再生、底物特异性强、绿色环保且成本低，已成为生物柴油生产的优选催化剂。

磁性 Fe_3O_4 粒子经过环氧氯丙烷活化后，与脂肪酶分子的氨基发生偶联反应，随后通过吸附作用与其他脂肪酶分子结合，从而实现脂肪酶的固定化（图 6-3）。固定化后的脂肪酶能够催化酸化地沟油与甲醇之间的酯化反应，生成脂肪酸甲酯（生物柴油）。

反应式如下：

$$RCOOH + CH_3OH \longrightarrow RCOOCH_3 + H_2O$$

三、材料、试剂与仪器

1. 实验材料

磁性 Fe_3O_4 纳米粒子、脂肪酶粉。

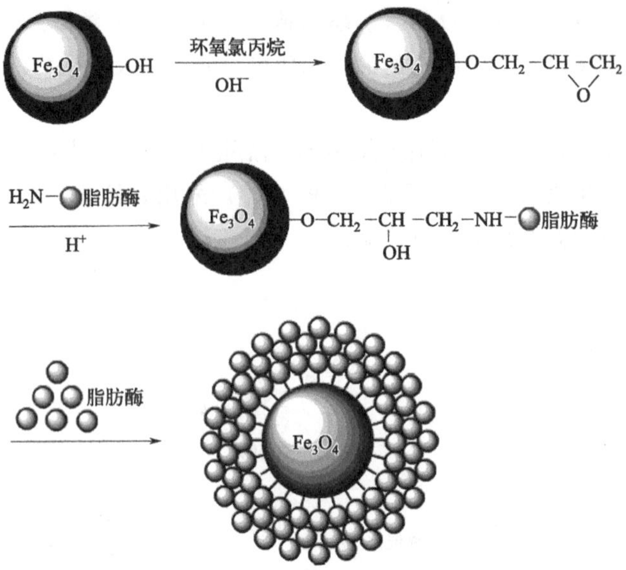

图 6-3 环氧化 Fe_3O_4 纳米粒子脂肪酶固定化示意图

2. 实验试剂

1,4-二氧六环、环氧氯丙烷、NaOH、去离子水。

PBS（0.05mol/L，pH7.0）：称取 10.9g $Na_2HPO_4 \cdot 12H_2O$ 和 3.04g NaH_2PO_4，溶于 800mL 去离子水中，定容至 1L。

2%聚乙烯醇（PVA）溶液：将 2g PVA 溶于 80mL 水，加热溶解，用纱布过滤，收集滤液，冷却后定容到 100mL 的容量瓶中，于 4℃冰箱保存。

橄榄油乳液：按 2%（体积分数）PVA∶橄榄油＝3∶1（体积比）的比例配制混合物，然后用高速搅拌机搅拌打成乳液，每隔 2min 停顿静置 1min，共搅拌 6min，现用现配。

0.05mol/L 的 NaOH 标准溶液：称取 2.0g 干燥至恒重的 NaOH 溶于 100mL 去离子水（此操作在通风橱中进行，佩戴护目镜），加入 900mL 乙醇混匀后加入基准物质邻苯二甲酸氢钾 0.1g（配制方法参考第五章第一节），计算 NaOH 溶液的准确浓度。

3. 实验仪器

磁力架、恒温摇床、电子天平、冷冻干燥机、真空干燥箱和气相色谱仪。

四、实验步骤

1. Fe_3O_4 粒子的制备与环氧化修饰

称取 2.7g 的六水合三氯化铁于烧杯中，加入 80mL 乙二醇，磁力搅拌直至固体颗粒完全溶解，然后加入 7.2g 无水乙酸钠和 2.0g PEG-4000，继续磁力搅拌至完全溶解后，将溶液转移至 100mL 的聚四氟乙烯内胆中，放入反应釜中，密封，转移至干燥箱内，在 200℃下反应 8h 后停止反应，自然冷却至室温，磁场分离，然后分别用去离子水和无水乙醇洗涤数次，60℃真空干燥 6h，得到磁性 Fe_3O_4 粒子。

磁性 Fe_3O_4 粒子的环氧化修饰：取 10mL 1,4-二氧六环和 2mL 环氧氯丙烷混合溶液于锥形瓶中，加入 18mL 0.8mol/L 的 NaOH 溶液，混合均匀后加入 0.5g 磁性 Fe_3O_4 纳米粒子，超声分散后，在 25℃、180r/min 条件下恒温振荡反应 4h，磁分离，洗涤，真空干燥，得到环氧化修饰的磁性 Fe_3O_4 粒子，低温保存。

2. 脂肪酶的固定化

将 1.5g 脂肪酶溶解于 0.05mol/L PBS（50mL，pH7.0）中，加入 0.5g 环氧化修饰的磁性 Fe_3O_4 粒子，在 25℃下孵育 44h。所得产物用去离子水洗涤数次，然后在真空冷冻干燥机中干燥。

3. 固定化脂肪酶水解活性的检测

采用橄榄油乳液水解法测定脂肪酶水解比活力，并定义脂肪酶水解比活力为单位质量脂肪酶在 38℃、pH 8.0 条件下每分钟水解橄榄油或产生脂肪酸的物质的量（μmol）。

将 5mL 橄榄油乳液加入 4mL PBS（0.05mol/L，pH 7.0）中，38℃水浴预热 5min。加入 0.020g 固定化脂肪酶，迅速摇匀，反应 10min，秒表计时。做 3 个平行样品取平均值，以上述反应体系不加入固定化酶做对照，用标准氢氧化钠溶液滴定。

脂肪酶水解比活力的计算公式为：

$$脂肪酶水解比活力=\frac{N(V_A-V_B)}{mt}$$

式中，V_A 为消耗标准氢氧化钠溶液体积的平均值，mL；V_B 为空白对照，mL；N 为每毫升标准 NaOH 溶液的物质的量，μmol/mL；m 为固定化酶质量，g；t 为反应时间，min。

4. 固定化脂肪酶酯化比活力的测定

取 5mL 的正己烷，0.1g 月桂酸、158μL 正辛醇，加入 0.020g 固定化脂肪酶，40℃，180r/min 反应 30min。立即用 15mL 乙醇终止反应，加入 5 滴酚酞指示剂，用 0.05mol/L 的 NaOH 溶液滴定，计算反应月桂酸的量。做 3 个平行样品取平均值，上述反应体系不加入固定化酶作为对照，自制脂肪酶酯化比活力测定方法同上，游离酶的用量为 0.012g。

5. 固定化脂肪酶催化生产脂肪酸甲酯（生物柴油）

反应体系：0.020g 固定化脂肪酶、1.0g 酸化地沟油（地沟油中游离脂肪酸与甲醇物质的量之比为 1∶1.1，即加入甲醇量为 150μL，分 3 次加入，每次间隔 7h）、5mL 溶剂，分别在 10℃和 40℃条件下，180r/min 反应 24h，GC 分析酯化率。

取样 20μL 立即加入装有 100μL 酶变性剂［变性剂成分为乙醚∶甲醇＝3∶1（体积比）］的离心管中，再加入 880μL 正己烷，混匀。8000g 离心 5min，将上清液倒入气相检测小瓶，进行 GC 分析。

GC-2010 配备 DB-ht1 毛细管柱（30.0m×0.25mm×0.1μm；J&W Scientific）和氢火焰离子化检测器（FID）。柱温先升到 100℃，再二阶程序升温，柱温由 100℃到 300℃，升温速率为 10℃/min；300℃到 350℃，升温速率为 5℃/min。注射器和探测器被分别设定在 350℃和 360℃。

五、结果与问题分析

① 比较固定化酶和自由酶的水解活性和酯化活性，计算脂肪酶固定化量、固定化前后水解酶活性和酯化活性的变化。

② 酸化废食用油和酯化反应结束后，通过峰面积分析计算生物柴油产率。

③ 观察固定化酶磁场分离过程，可以看到在数秒内固定化酶和反应体系迅速分离。

六、注意事项

① 因正己烷、甲醇易挥发、易燃，所以用具塞锥形瓶进行酯化反应，并确保反应过程中瓶塞旋紧，实验过程严禁明火。

② GC 检测前，样品处理需经高速离心，防止颗粒物和其他杂质堵塞气相色谱毛细管。

七、思考题

① 简述酶固定化的意义。固定化的基本方法有哪些？各有何优缺点？

② 何谓非水相反应体系？简述酶含水量与热力学稳定性和催化活性之间的关系。

③ 比较脂肪酶水解活性和酯化活性反应条件。

第二节
磁性 Fe_3O_4 纳米粒子固定 NAD 激酶制备 NADP

烟酰胺腺嘌呤二核苷酸［NAD(H)］和烟酰胺腺嘌呤二核苷酸磷酸［NADP(H)］是所有活细胞中重要的辅酶，作为电子载体，广泛参与细胞内的氧化还原反应，在多种代谢途径中起到重要的调控作用。本实验利用 *E. coli* BL21（DE3）中表达的带有 His-Tag 的 NAD 激酶，与负载 Ni^{2+} 的磁性 Fe_3O_4 粒子结合，构建了固定化体系，催化 NAD 转化为 NADP。实验中通过 Bradford 法测定固定化 NAD 激酶的量与固定化反应时间的关系，同时采用 SDS-聚丙烯酰胺凝胶电泳（SDS-PAGE）法对 NAD 激酶的固定化效果进行分析，利用 HPLC 分析 NAD 和 NADP 的含量，测定固定化 NAD 激酶的比活力和转化效率。

一、实验目的

① 掌握磁性 Fe_3O_4 粒子固定 6×His-Tag 蛋白质的原理及实验方法；

② 掌握 Bradford 法和 SDS-PAGE 测定蛋白质含量的原理和方法；

③ 了解高效液相色谱（HPLC）法测定 NAD 激酶活性的方法。

二、实验原理

NAD 激酶（NAD kinase，简称 NADK）是一种催化 NAD 分子中烟酰胺部分的磷酸化反应生成 NADP 的酶。NAD 和 NADP 是细胞内重要的辅因子，分别参与氧化还原反应、能量代谢、DNA 修复、信号转导等过程，尤其在细胞代谢和生物合成中具有关键作用。NAD 激酶在调节 NAD/NADP 的比例、维持细胞的氧化还原平衡以及辅助代谢途径中起着重要作用。

负载 Ni^{2+} 的 Fe_3O_4 粒子利用 Ni^{2+} 与组氨酸咪唑基团之间的金属螯合亲和原理，选择性地分离并固定 6×His-Tag NAD 激酶（图 6-4）。这一原理与科研中常用的琼脂糖凝胶镍柱的分离方法相似，但本实验的方法在酶的分离和固定化过程中更为迅速，且便于批次反应操作。

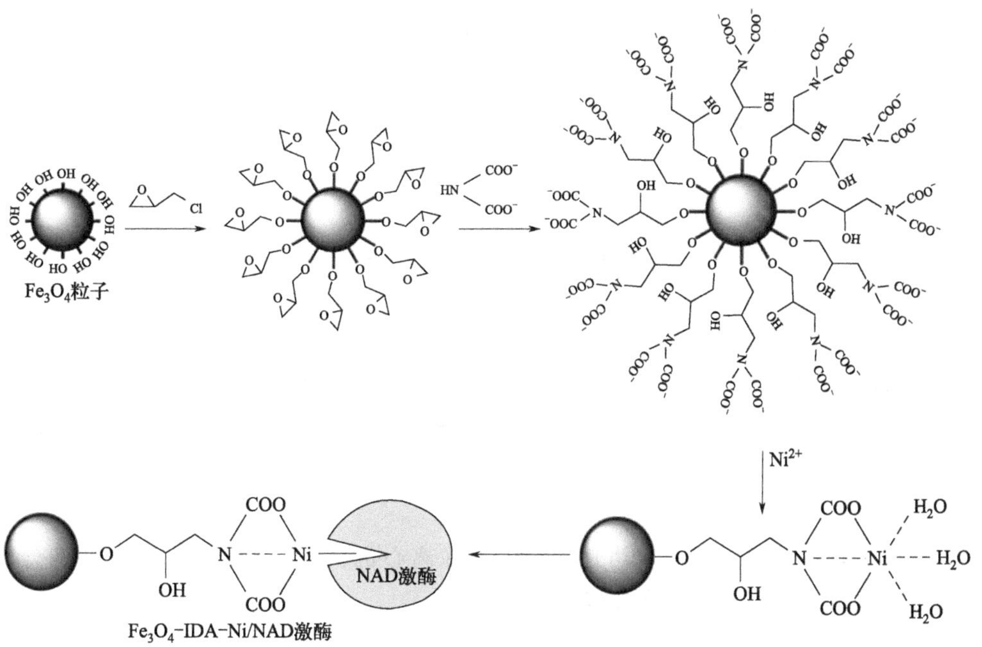

图 6-4 Fe_3O_4-IDA-Ni固定NAD激酶示意图

三、材料、试剂与仪器

1. 实验材料

含有 His-Tag 标签 NAD 激酶质粒的大肠杆菌 *E. coli* BL21（DE3）：在实验前一天接种至 3mL 含 50μg/mL 卡那霉素的 LB 培养液中，并在 37℃下振荡培养过夜；环氧化磁性 Fe_3O_4 粒子，按本章第一节方法制备。

2. 实验试剂

（1）5%亚氨基二乙酸（IDA）溶液　5g IDA 溶于 80mL 超纯水中，用 NaOH 溶液将 pH 调节至 7.0，加超纯水定容至 100mL。

0.1mol/L $NiSO_4$ 溶液：取 2.63g $NiSO_4 \cdot 6H_2O$ 加入 95mL 去离子水中，磁力搅拌至完全溶解，然后装入 100mL 容量瓶中，定容至 100mL，4℃冷藏保存。

20%的乙醇溶液：20mL 乙醇与 80mL 去离子水混合，磁力搅拌均匀，4℃冷藏保存。

（2）菌体培养及蛋白质分离

① LB 液体培养基：胰蛋白胨 10g/L、酵母提取物 5g/L、NaCl 10g/L，121℃灭菌 30min 备用。

② 固体 LB 培养基：在 LB 液体培养基中另加琼脂 2g/L。

③ Tris-HCl 缓冲液（0.05mol/L，pH 8.0）：1.21g Tris 溶于 80mL 去离子水，定容至 100mL，得到 0.1mol/L Tris 溶液。将 50mL 的 0.1mol/L Tris 溶液与 29.2mL 0.1mol/L 的 HCl 溶液混合，定容至 100mL。注意 Tris 容易吸收 CO_2，需密封保存。

④ 裂解缓冲液：0.75g NaCl、0.068g 咪唑，溶于 100mL Tris-HCl 缓冲液（0.05mol/L， pH 8.0）中，即 0.05mol/L Tris、0.3mol/L NaCl、0.01mol/L 咪唑，4℃保存。

⑤ 洗涤缓冲液（pH 8.0）：将上述裂解缓冲液的咪唑浓度调至 0.03mol/L，4℃保存。

⑥ 卡那霉素母液：用无菌超纯水配成 100mg/mL 水溶液，0.22μm 滤膜过滤，分装至 1.5mL 灭菌离心管中，−20℃保存备用。

⑦ 10mg/mL 卡那霉素：100mg/mL 卡那霉素母液用无菌超纯水稀释 10 倍即可。

⑧ 1g/L BSA 溶液：称取 0.05g BSA，溶于 40mL PBS（0.01mol/L，pH7.4）中，定容至 50mL。

⑨ 1mol/L IPTG 溶液：2.4g IPTG 溶于去离子水中，定容至 10mL，用 0.22μm 滤器过膜过滤除菌，分装成 1mL，于−20℃贮存。

（3）SDS-PAGE 溶液配制　见第四章第二节。

（4）HPLC　流动相：称取 1.36g KH_2PO_4 于干净的烧杯中，加入 900mL 超纯水，均匀搅拌，使 KH_2PO_4 完全溶解。随后，加入氨水使其 pH 为 5.7。加入 100mL 的甲醇（色谱级），混合均匀，即流动相。

3. 实验仪器

悬臂式数显搅拌机、恒温水浴锅、台式冷冻离心机、全温振荡器、凝胶成像分析系统，蛋白质电泳仪、酶标仪、高效液相色谱仪。

四、实验步骤

1. 磁性 Fe_3O_4 粒子 IDA 修饰

环氧化磁性 Fe_3O_4 粒子，加入 20mL 5%的 IDA（pH7.0）溶液和 20mL 的 0.1mol/L 碳酸缓冲溶液（pH 9.7），混匀，37℃、250r/min 条件下恒温振荡反应 24h，磁分离，去离子水洗涤，真空干燥，低温保存制备获得 IDA 修饰的磁性 Fe_3O_4 粒子（Fe_3O_4-IDA）。

2. Ni^{2+} 负载的 Fe_3O_4 粒子的制备

Fe_3O_4-IDA（1.0g）加入 100mL 的 1mol/L $NiSO_4$ 溶液中，30℃，180r/min 孵育 12h。将反应产物用去离子水洗涤三遍，得到 Ni^{2+} 负载的 Fe_3O_4 粒子（Fe_3O_4-IDA-Ni^{2+}），将其存储于 20%（体积分数）乙醇溶液中备用。

3. NAD 激酶的表达

E. coli JM109 作为质粒构建和保存的宿主，*E. coli* BL21（DE3）作为 NAD 激酶表达的宿主。*E. coli* BL21（DE3）在 LB 培养基中于 37℃和 200r/min 下培养，添加 50mg/mL 卡那霉素以维持质粒稳定性。当 OD_{600} 达到 0.6～0.8 时，将 IPTG 加入至最终浓度为 1mmol/L 以诱导 NAD 激酶表达。通过以 5000g 离心 10min 收集细胞，然后重悬于 100mmol/L Tris-HCl 缓冲液（pH 7.5）中。然后将细胞进行超声处理，将上清液保存在 4℃并作为 NAD 激酶的粗提液。

4. NAD 激酶的纯化与固定化

将 Ni^{2+} 负载的 Fe_3O_4 粒子 0.2g 与 2mL NAD 激酶粗细胞提取液混合，在 25℃下孵育 5min。磁分离后，将所得固体颗粒用 Tris-NaCl 缓冲液（pH 8.0）洗涤 3 次。用 0.5mol/L 的咪唑缓冲液洗涤一次后，将获得的固定化的 NAD 激酶冷冻干燥，保存备用。以 BSA 为标准，用 Bradford 法测定固定化蛋白的量。

5. NAD 激酶固定化量的测定

以 BSA 作为标准蛋白，浓度为 1mg/mL，采用 Bradford 法测定 NAD 激酶固定化量。配制考马斯亮蓝 G250 试剂溶液、PBS 缓冲液，备用。在 96 孔板的不同孔中分别配制 20μL 的浓度为 0mg/mL、0.05mg/mL、0.1mg/mL、0.2mg/mL、0.4mg/mL、0.6mg/mL 的 BSA 标准溶液（用 PBS 缓冲液稀释），如表 6-1，再用考马斯亮蓝 G250 补足至 200μL，立即混匀，轻轻吹打以免产生大量气泡而影响测定。在混合均匀后 2～5min 内用酶标仪测定各样品在 595nm 处的吸光度值 A_{595}，将得到的数值用 Excel 表或 Origin 作图软件，以 BSA 浓度为横坐标，以 A 吸光度值为纵坐标，做标准曲线图，并写出标准曲线方程和相关系数值。

表 6-1　BSA 吸光度

BSA 浓度/(mg/mL)	A_{595}
0	
0.05	
0.1	
0.2	
0.4	
0.6	

在室温下，将 NAD 激酶蛋白液与 Ni^{2+} 负载的 Fe_3O_4 粒子结合，反应 5min，用 300mmol/L 咪唑缓冲液洗涤非特异性吸附。测定 NAD 激酶原液和固定化后的上清液中的蛋白浓度，根据标准曲线方程计算得到 Ni^{2+} 负载的 Fe_3O_4 粒子上的 NAD 激酶固定化量。

6. SDS-PAGE 表征 NAD 激酶固定化情况

SDS-PAGE 溶液配制及凝胶制作见第四章第二节。

从电泳凝胶左侧上样孔依次加入蛋白质分子量标准液、10μL IPTG 诱导（无 DTT）、IPTG 诱导后样品（有 DTT）、10μL 混匀的定化 NAD 激酶粒子。电泳完成后染色、脱色，拍照。

7. NAD 激酶活性测定

① 将 50μL 粗细胞提取物或 0.05g 固定 NAD 激酶添加到 1mL 含 1mmol/L NAD，1.5mmol/L ATP 和 1.5mmol/L $MgCl_2$ 的磷酸盐缓冲液（0.1mol/L，pH 7.4）中。反应在 50℃下进行 1min。将一单位（U）的 NAD 激酶活性定义为在上述条件下每分钟催化 1μmol NAD 底物转化 NADP 的酶量，以每毫克总蛋白的单位表示。固定化 NAD 激酶反应 1min 转化 1μmol NAD 的量为一个酶活单位，记作 U。

② NAD 和 NADP 的浓度通过配备有 C_{18} 柱（WondaSil，填料粒径 5μm，250mm×4.6mm）和 UV 检测器的 HPLC 系统（LC-15C，Shimadzu）测量。流动相为含 10%甲醇的 0.01mol/L 的 KH_2PO_4 溶液，pH 为 5.7，柱温 25℃，流速 1mL/min，进样量 20μL，紫外检测波长 260nm。

③ 打开操作软件和液相色谱仪，待全部准备完成后，将 HPLC 的泵滤头放入 100%色谱级甲醇内，打开排气阀，按下“PURGE”键，系统自动排出管路和内部的气泡。

④ 排气完毕后，关闭排气阀，打开输液泵，用纯甲醇冲洗系统 20min。将二通阀取下，将 WondaSil C_{18} 色谱柱由下进上出的方向安装在支架上，并打开加热装置，设置为 25℃。冲洗 20min，至基线持平。将泵滤头转移至流动相内，排气后，以 0.2mL/min、0.4mL/min、0.6mL/min、0.8mL/min、1.0mL/min 的流速逐渐增加，每个流速保持 20min，目的是使色谱柱适应流速，并避免柱内坍塌堵塞。待柱压稳定后，可进行 HPLC 测定。

五、结果与问题分析

① 根据用酶标仪测定的 BSA 蛋白标准曲线，测得固定前后对应的 NAD 激酶含量，计算获得 NAD 激酶的固定化量。此方法固定化反应只需要 5min，远快于其他介质固定化酶方法。

② 比较 HPLC 法与文献中通常给出的酶活力测定方法的自由酶和固定化酶比活力。HPLC 所建立的 NAD 激酶测定方法，其标准曲线可参考图 6-5。

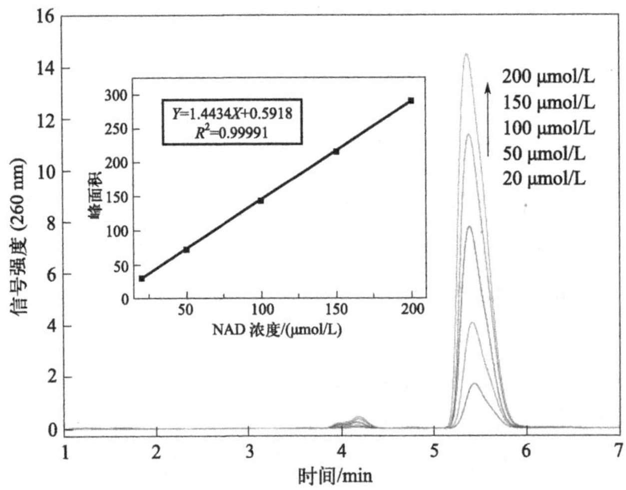

图 6-5 NAD 标准溶液的 HPLC 图

③ 比较原液与吸附、洗脱后蛋白条带的区别，可参考图 6-6 进行分析。

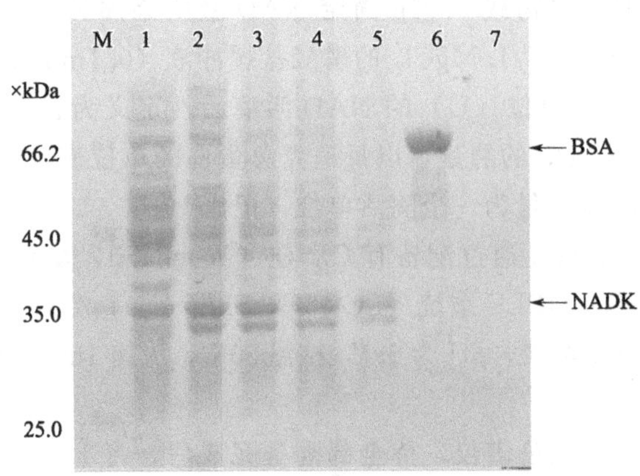

图 6-6 Fe_3O_4-IDA-Ni固定化 NAD 激酶的SDS-PAGE图

图 6-6 中，M 为蛋白质 Marker，1 为发酵上清液，2 为 Fe_3O_4-IDA-Ni 纳米粒子固定化 NAD 激酶，3～5 分别为 Tris-NaCl 和 500mmol/L、1.0mol/L 咪唑溶液洗脱后的固定化 NAD 激酶，6 为 BSA，7 为 Fe_3O_4-IDA-Ni 纳米粒子固定化 BSA。

可用 Fe_3O_4-IDA-Ni 作为分离介质分离带 His 标签的基因工程蛋白，吸附过程相似，只需改变洗涤、洗脱条件。

六、注意事项

① 使用酶标板测定酶固定化量时注意仪器预热，使仪器稳定后再进行检测；测定酶活时注意严格控制反应时间，测定目标物质用 0.22μm 的滤器过滤后，用进样器注入高效液相色谱仪中，以 1mL/min 的流速泵入流动相，在 260nm 的紫外检测波长下，分别测定各物质的保留时间和混合物的分离效果。

② 在安装玻璃板时，应时刻保持玻璃板间的压力，以防密封不严造成漏液；在凝胶聚合过程中，凝胶应垂直放置于室温下，不要随意移动。

七、思考题

① 比较酶标仪与紫外可见分光光度计的异同。

② DTT 在 SDS-PAGE 中起什么作用？电泳缓冲液与分离蛋白质等电点之间是何关系？

第三节
磁性 Fe_3O_4 粒子分离纯化基因工程蛋白

随着蛋白质研究的深入，蛋白质纯化技术变得日益重要。多种分离纯化方法应运而生，包括电泳法、亲和色谱法、沉淀法和超滤法等。其中，金属亲和色谱法依靠金属离子与蛋白质特定基团之间的亲和作用，具有高分离效率，已成为最广泛应用的蛋白质分离纯化技术。通过将磁性粒子与过渡金属离子（如 Cu^{2+}、Ni^{2+} 等）螯合，使其与蛋白质表面的特定氨基酸残基（如组氨酸、色氨酸、半胱氨酸等）发生特异性亲和作用。结合磁性分离技术，能够实现 6×His-Tag 蛋白的快速、高效分离。

一、实验目的

学习金属亲和、螯合吸附基因工程蛋白的原理和实验方法。

二、实验原理

磁性 Fe_3O_4 粒子负载过渡金属离子（如 Ni^{2+}、Cu^{2+} 等）后，能够通过金属离子与 6×His 标签蛋白表面的组氨酸残基之间的特异性亲和作用，选择性地吸附目标蛋白。将含有 6×His 标签的基因工程蛋白溶液加入负载金属离子的磁性粒子中，形成稳定的复合物。随后，通过洗涤去除非特异性结合的杂质蛋白，最后利用适当的洗脱缓冲液（如含咪唑的溶液）洗脱出目标蛋白。通过磁性分离技术，可以快速、简便且高效地分离和纯化 6×His 标签蛋白（图 6-7）。

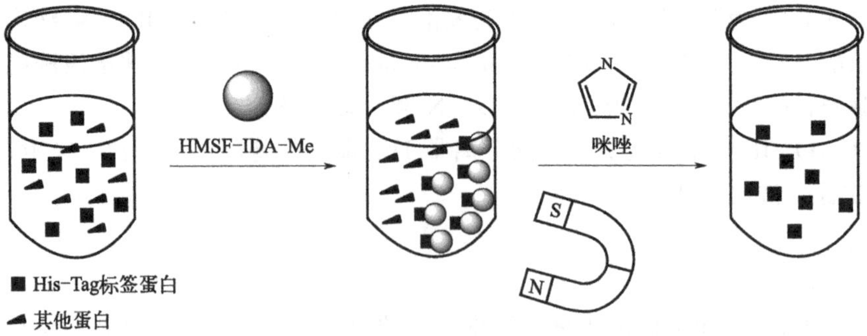

图 6-7 Fe_3O_4 粒子负载过渡金属离子分离 6×His 标签蛋白

三、材料、试剂与仪器

1. 实验材料

表达 NAD 激酶的 *E. coli* BL21（DE3）、Fe_3O_4-IDA（制备方法见本章第二节）。

2. 试剂

LB 液体培养基、洗涤缓冲液（pH 7.9），见本章第二节。

洗脱缓冲液（pH 8.0）：见本章第二节洗涤缓冲液配制，将咪唑浓度调整为 1.0mol/L，4℃保存。

3. 实验仪器

磁力架、恒温摇床、电子天平、真空干燥箱和气相色谱仪。

四、实验步骤

1. Fe_3O_4-IDA-Cu^{2+} 粒子的制备

1.0g 的 Fe_3O_4-IDA 加入 100mL 的 1mol/L $CuSO_4$ 溶液中，在 30℃、180r/min 下孵育 12h。将反应产物用去离子水洗涤 3 次，得到 Cu^{2+} 负载的 Fe_3O_4 粒子（Fe_3O_4-IDA-Cu^{2+}），将其储存于 20%（体积分数）乙醇溶液中备用。

2. 6×His 基因工程蛋白的吸附与洗脱

各取 10μL Fe_3O_4-IDA-Cu^{2+} 分别加入 10mL 的 *E. coli* BL21（DE3）NAD 激酶粗提液（本章第二节），吸附 2min，磁性分离，用 10mL 洗涤缓冲液清洗 2 次，加入 2mL 洗脱液，轻摇 2min，磁性分离，获得 NAD 激酶溶液。取 10μLNAD 激酶溶液，进行 SDS-PAGE 电泳分析分离情况。

3. 磁性 Fe_3O_4 粒子的重复使用情况

将洗脱 NAD 激酶之后的 Fe_3O_4-IDA-Cu^{2+} 再按上述步骤吸附、洗涤、洗脱，检测其反复使用情况。

五、结果与问题分析

SDS-PAGE 检测 Fe_3O_4-IDA-Cu^{2+} 分离 NAD 激酶的分离情况，并评价其可反复使用性。

六、注意事项

$ZnSO_4$ 对黏膜有刺激作用，勿将溶液倒入水体以免污染环境。

七、思考题

载体负载 Cu^{2+} 对 6×His 蛋白的分离原理是什么?

第四节
磁性 Fe_3O_4@SiO_2 粒子分离纯化 DNA

核酸分离与检测技术是现代生命科学研究中的基础实验技术，广泛应用于病原微生物检测、基因工程、法医鉴定等多个领域。在突发疫情中，快速、高通量的核酸提取和分离技术对于病原微生物的检测、鉴定以及感染者的早期确诊至关重要。目前，实验室中最常用的 DNA 分离提取方法是商品化的硅胶柱法，但该方法需要反复离心，难以实现高通量提取。图 6-8(a) 和 (b) 分别为磁性 Fe_3O_4@SiO_2 粒子在扫描电子显微镜（scanning electron microscope，SEM）及透射电子显微镜（transmission electron microscope，TEM）下的照片，从图中可以看出粒子为核壳结构。

图 6-8　磁性 Fe_3O_4@SiO_2 粒子的 SEM(a)及 TEM(b)图

基于超顺磁性 Fe_3O_4 磁性粒子的核酸提取分离技术具有操作简便、快捷的优点，不依赖苯酚、氯仿等有毒有机溶剂抽提，也不需要进行反复离心或沉淀等耗时步骤，可与自动化仪器结合，从而实现高通量提取，纯化后的核酸可以直接用于 PCR、酶切、杂交等后续实验。为了提高提取效率，磁性 Fe_3O_4 粒子通过正硅酸乙酯交联反应制备成 SiO_2 包覆的磁性 Fe_3O_4 粒子（Fe_3O_4@SiO_2），该粒子具有优异的化学稳定性和机械稳定性。

一、实验目的

① 掌握使用 Fe_3O_4@SiO_2 法提取质粒 DNA 的方法；

② 了解提取原理及各种试剂的作用。

二、实验原理

磁性 SiO_2 复合微球与 DNA 的吸附机制类似于硅类吸附介质：在低 pH 和高盐条件下，DNA 能够吸附并沉积到磁性 SiO_2 复合微球的表面；当溶液环境的 pH 升高时，

DNA 能够从磁性 SiO_2 复合微球表面解吸附。DNA/RNA 与 Fe_3O_4@SiO_2 的结合主要依赖静电作用、疏水作用和氢键作用。

细胞或组织在特定裂解液（如胍盐、去污剂、蛋白酶 K 等）的作用下，核酸从生物样本中释放出来。随后在结合液（如聚乙二醇、碘盐、高氯酸盐和醇等）的条件下，核酸特异性地与 Fe_3O_4@SiO_2 表面结合，形成核酸-Fe_3O_4@SiO_2 复合物。该复合物在磁场的作用下从生物裂解液中分离出来，经过盐溶液洗涤去除非特异性吸附的杂质后，再通过醇洗涤去除盐分，最后可用 TE 缓冲液进行洗脱，从而完成核酸的纯化。

三、材料、试剂与仪器

1. 实验材料

含质粒 pET-28a 的大肠杆菌 *E. coli* BL21（DE3）、磁性 Fe_3O_4 粒子（本章第一节）。

2. 实验试剂

卡那霉素、LB 培养液的配制方法见本章第二节。

RNase A 溶液：将 RNase A 溶于 10mmol/L Tris-HCl（pH 7.5）、5mmol/L NaCl 中，配成 10mg/mL 的溶液，于 100℃加热 15min，使混有的 DNA 酶失活即为 10mg/mL 的 RNase A 母液。冷却后用 1.5mL eppendorf 管分装成小份保存于－20℃。使用前稀释成 1mg/mL，备用。

溶液Ⅰ：250mmol/L Tris-HCl（pH 8.0）、10mmol/L EDTA（pH 8.0）、50mmol/L 葡萄糖，121℃、高压灭菌 15min，4℃贮存。使用前加入 RNase A，工作浓度为 20μg/mL。

溶液Ⅱ：0.2mol/L NaOH，1% SDS，现用现配。

溶液Ⅲ：3mol/L 醋酸钾溶液（KAc，pH 5.2），4℃保存备用。

100mg/mL Fe_3O_4@SiO_2 粒子：100mg Fe_3O_4@SiO_2 粒子分散到 1mL 的溶液Ⅰ中。

DNA 结合液：20g PEG8000 溶解于 100mL 2mol/L 的 NaCl 溶液中。

TE 缓冲液：10mmol/L Tris-HCl（pH 8.0）、1mmol/L EDTA（pH 8.0），121℃灭菌 20min，4℃保存。

3. 实验仪器

磁铁或磁力架、琼脂糖凝胶电泳装置、NanoDrop 核酸检测仪、离心机。

四、实验步骤

1. Fe_3O_4@SiO_2 制备

磁性 Fe_3O_4 粒子 1g，加入 1mol/L 的 NaOH 溶液 200mL，加热升温至 90℃，400r/min 搅拌 10min，再加入 6mL 油酸，反应 30min，磁性分离，无水乙醇洗涤 5 次，再用丙酮、乙醇交替洗涤 2 次，加入 15mL 正硅酸乙酯、1.5g Triton X-100，超声 5min，加入 100mL 去离子水，超声混匀 20min 后转移至 1L 圆底烧瓶中，依次加入 80mL 氨水、200mL 无水乙醇，90℃、800r/min 搅拌 4h，磁性分离，用乙醇和去离子水交替清洗 3 次，即为 Fe_3O_4@SiO_2，无水乙醇封存。使用前 60℃真空干燥。

2. Fe_3O_4@SiO_2 提取质粒 DNA

① 取 3mL 过夜培养的带质粒的大肠杆菌菌液，12000*g* 离心 1min，弃上清液。

② 加入 250μL 溶液Ⅰ（含 RNase A），用移液器吸打或涡旋振荡器彻底悬浮沉淀。

③ 再向离心管中加入 250μL 溶液Ⅱ，温和地上下翻转 6～8 次使菌体充分裂解。此时菌液应变得清亮黏稠，否则应减少菌体量，菌体过多裂解不彻底。

④ 向离心管中加入 300μL 溶液Ⅲ，立即快速地上下颠倒混合 10～15 次，充分混匀，此时将出现絮状沉淀，12000g 离心 2min。

⑤ 吸取上清液转移至另一新的离心管中，加入 50μL 的 100mg/mL Fe_3O_4@SiO_2、400μL 的 DNA 结合液，上下颠倒混匀，室温放置 5min，其间颠倒混匀数次，防止 Fe_3O_4@SiO_2 沉淀。

⑥ 磁分离，弃上清液，70%乙醇洗涤 2 次，打开离心管盖子挥发残留的乙醇，吸附在 Fe_3O_4@SiO_2 上的 DNA 可以直接用于 PCR 扩增。

⑦ 也可以加入 50～100μL 的 TE 缓冲液，用移液器吸打混匀，室温放置 10min，其间多次摇晃，注意防止 Fe_3O_4@SiO_2 沉降，磁分离，获得上清液即为提取的质粒 DNA，部分－20℃保存备用，一部分用于琼脂糖凝胶电泳检测 DNA 提取情况，或用 NanoDrop 微量紫外-可见分光光度计检测其纯度。

五、结果与问题分析

① Fe_3O_4@SiO_2 粒子提取质粒 DNA 进行琼脂糖凝胶电泳或洗脱少量吸附 DNA 的 Fe_3O_4@SiO_2 直接用于琼脂糖凝胶电泳，以检测提取的质粒 DNA。

② 用 A_{260}/A_{280} 及 A_{260}/A_{230} 检测质粒 DNA 的纯度。

六、注意事项

① 收集菌体提取质粒前，培养基要去除干净，同时保证菌体在悬浮液中充分悬浮。

② 在添加溶液Ⅱ后，混合一定要柔和，采用上下颠倒的方法，不要在振荡器上剧烈振荡。加溶液Ⅱ后溶液会变澄清，并有黏性；加入溶液 Ⅲ后则出现絮状沉淀。

③ 使用前请先检查溶液Ⅱ和溶液Ⅲ是否出现浑浊，如有浑浊现象，可在 37℃水浴中加热几分钟，即可恢复澄清。

④ 在漂洗和洗脱的过程中，为防止 Fe_3O_4@SiO_2 沉降可反复上下颠倒离心管。

⑤ 配制溶液Ⅱ使用 SDS 注意不要沾染到皮肤和吸入呼吸道，以免引起刺激性反应。

七、思考题

简述 Fe_3O_4@SiO_2 粒子分离 DNA 的原理。

第七章 魔鬼弧菌淀粉酶的表征和催化活性研究

淀粉酶（amylase）是一类能够催化淀粉分子水解、将其转化为较小糖分子（如麦芽糖、葡萄糖等）的酶。这类酶广泛存在于多种生物体中，包括人类、动物、植物和微生物，其主要功能是参与碳水化合物的分解与代谢。根据作用方式的不同，淀粉酶可分为 α-淀粉酶、β-淀粉酶和 γ-淀粉酶等类型。其中，α-淀粉酶是最常见的淀粉分解酶，能够随机切断淀粉链中的 α-1,4-糖苷键，生成短链的麦芽糖、葡萄糖和糊精等中间产物。由于其高效的催化能力，淀粉酶在食品工业（如啤酒、面包和糖浆的生产）、生物质转化以及纺织工业中具有重要应用价值。

魔鬼弧菌（*Vibrio diabolicus*）是一种革兰氏阴性、弯曲杆状的水生细菌，隶属于弧菌科（Vibrionaceae）。该菌对高盐环境具有较强的适应性，广泛分布于海洋及高盐度水域中，是海洋生态系统中的优势菌种之一。魔鬼弧菌不仅能够分解多种有机物，在海水环境的物质循环中发挥重要作用，还可作为病原菌引起鱼类、贝类等海洋生物的感染，甚至对人类造成皮肤感染，尤其是在接触污染水源的情况下。

编者课题组从天津滨海新区筛选到一株能够高效利用淀粉的魔鬼弧菌 LHF01。本章将对该菌株产生的淀粉酶进行表征，并研究其催化活性。由于魔鬼弧菌淀粉酶在高盐环境中的稳定性，其在海洋资源加工与利用等工业过程中展现出良好的应用潜力。通过对其酶学性质的研究，可为开发新型耐盐淀粉酶及其在工业中的应用提供理论依据和技术支持。

第一节 魔鬼弧菌淀粉酶的表征

魔鬼弧菌（*Vibrio diabolicus*）LHF01 是一株分离自天津滨海新区的高效淀粉利用菌株，其基因组中携带 4 个淀粉酶基因。该菌株在含淀粉培养基中表现出快速的碳源代谢能力，暗示其淀粉酶系统在底物水解效率或环境适应性上具有独特优势。解析这些淀粉酶的催化特性与功能分化，不仅有助于理解菌株的生理代谢机制，还可为开发耐盐型工业淀粉酶提供理论依据。

一、实验目的

① 探究魔鬼弧菌 LHF01 中 4 个淀粉酶基因的功能差异，了解同工酶的概念；

② 了解淀粉酶及其在工业生物技术中的应用。

二、实验原理

淀粉酶是一类水解淀粉糖苷键的酶，根据作用机制可分为α-淀粉酶和β-淀粉酶。α-淀粉酶（EC 3.2.1.1）随机切断淀粉链的α-1,4-糖苷键，生成糊精、麦芽糖及葡萄糖，广泛用于食品和生物燃料工业；β-淀粉酶（EC 3.2.1.2）则从非还原端逐步水解生成麦芽糖。同工酶是催化相同反应但分子结构或理化性质不同的酶，例如，魔鬼弧菌的4个淀粉酶可能因最适pH、热稳定性或底物亲和力差异而分工协作，从而提高菌株对复杂淀粉底物的利用效率。

淀粉按照分子结构可分为直链淀粉和支链淀粉。直链淀粉是由葡萄糖通过α-1,4-糖苷键连接形成的螺旋链状结构，螺旋内部存在疏水性空腔，而支链淀粉具有高度分支结构（通过α-1,6-糖苷键分支），无法形成长螺旋。直链淀粉的螺旋空腔恰好可以容纳多个碘离子，碘离子通过范德瓦耳斯力嵌入螺旋内部，形成稳定的淀粉-碘复合物。复合物中电子跃迁能级改变，选择性吸收可见光中的红光和黄光，反射蓝光，因此呈现蓝色。支链淀粉因分支结构无法形成长螺旋，与碘结合能力弱，通常呈现红紫色或紫色。淀粉酶活性可通过检测催化反应后淀粉-碘复合物的褪色程度来进行评估。

三、材料、试剂与仪器

1. 实验材料

V. diabolicus LHF01及其淀粉酶删除突变体。

魔鬼弧菌LHF01中共有4个淀粉酶，命名为Amy1、Amy2、Amy3和Amy4，通过自杀质粒介导的同源重组方法在LHF01中分别敲除4个淀粉酶基因，得到淀粉酶敲除菌株LHF01 Δ*amy1*、LHF01 Δ*amy2*、LHF01 Δ*amy3*和LHF01 Δ*amy4*。

2. 试剂

LB30培养基（胰蛋白胨10g/L、酵母提取物5g/L、NaCl 30g/L）、基本培养基、碘液、可溶性淀粉、去离子水。

碘液：称取13g碘（I_2）和35g碘化钾（KI），溶于100mL去离子水中，充分搅拌溶解后定容至1L，贮存于棕色瓶中避光保存。

3. 实验仪器

离心机、摇床、超净工作台等。

四、实验步骤

1. 培养基配制

本实验中使用LB30培养基作为种子液培养，使用基本培养基添加10g/L可溶性淀粉作为摇瓶发酵培养基。

基本培养基配制：30g/L的NaCl溶液作为培养基基底，添加10g/L可溶性淀粉作为碳源。各组分先配制成高浓度母液，包括组分Ⅰ、组分Ⅱ、组分Ⅲ、组分Ⅳ，在发酵时按照1/5、1/1000、1/10000、1/500的比例加入。各组分配制方法如下。

组分Ⅰ(5×)：10g/L NH_4Cl，30g/L KH_2PO_4，25g/L $(NH_4)_2SO_4$，41.9g/L 3-吗啉丙磺酸（MOPS）。

组分Ⅱ（1000×）：3.6g/L $FeCl_2 \cdot 4H_2O$，5g/L $CaCl_2 \cdot 2H_2O$，1.3g/L $MnCl_2 \cdot 2H_2O$，0.38g/L $CuCl_2 \cdot 2H_2O$，0.5g/L $CoCl_2 \cdot 6H_2O$，0.94g/L $ZnCl_2$，0.03g/L H_3BO_3，0.4g/L $Na_2EDTA \cdot 2H_2O$，1.01g/L 盐酸硫胺。

组分Ⅲ（10000×）：0.1g/L Na_2MoO_4。

组分Ⅳ（500×）：2g/L $MgSO_4$。

培养基基底：30g/L NaCl，10g/L 可溶性淀粉。

2. 种子液培养

在超净工作台中，取超低温冰箱保存菌种甘油管中的菌液 20μL，转接至 20mL 无菌 LB30 培养基中，置于恒温摇床中以 37℃、200r/min 的条件恒温振荡培养 12h，制成摇瓶实验种子液。

3. 摇瓶发酵

向 100mL 基本培养基中加入 6mL 种子液（6%接种量），置于恒温摇床中以 37℃、200r/min 的条件恒温振荡培养，从发酵开始起每 0.5h 在超净工作台中取 1mL 发酵液于 1.5mL 离心管中，离心后在上清液中加入 20μL 碘液，观察颜色变化，判断魔鬼弧菌对淀粉的利用情况。

五、结果与问题分析

通过碘液显色法检测可溶性淀粉消耗情况发现，野生型菌株 LHF01 及其突变株 LHF01 Δ*amy1*、LHF01 Δ*amy2*、LHF01 Δ*amy3* 在 3h 内均能完全降解淀粉，而突变株 LHF01 Δ*amy4* 的淀粉降解速率显著降低，残留淀粉未被完全消耗，如图 7-1。此结果表明，*amy4* 基因编码的淀粉酶在魔鬼弧菌 LHF01 的淀粉代谢中起主要作用，而其余三个淀粉酶（*amy1*～*amy3* 编码）可能承担辅助功能或活性较低。进一步推测，*amy4* 基因编码的淀粉酶可能具有更高的催化效率或优先分泌特性，例如通过信号肽引导胞外分泌以直接接触底物，从而主导淀粉水解过程。

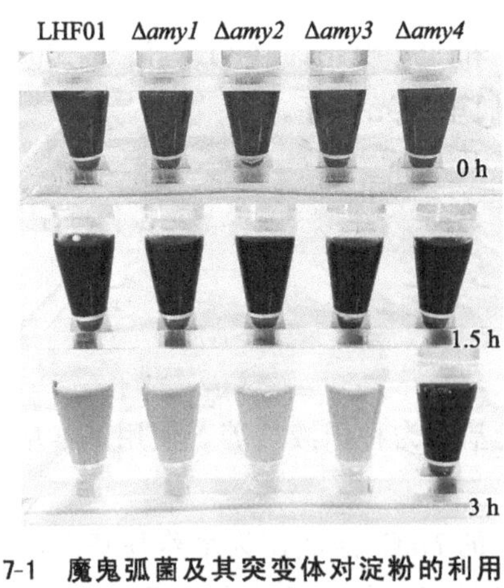

图 7-1　魔鬼弧菌及其突变体对淀粉的利用情况

六、注意事项

① 魔鬼弧菌培养液含潜在致病性，废弃前须经 121℃高温高压灭菌处理 20min 以彻

底灭活。

② 配制基本培养基时，为避免成分间高温变性或沉淀反应（如磷酸盐与金属离子结合），需将各组分单独灭菌后按比例无菌混合，确保培养基理化性质稳定。

七、思考题

① 结合生物信息学工具预测魔鬼弧菌淀粉酶的信号肽序列，分析其与酶分泌途径的关联性，并探讨信号肽缺失对酶功能定位的影响。

② 基于魔鬼弧菌 LHF01 四个淀粉酶的氨基酸序列，利用 MEGA 软件构建系统发育树，对比不同淀粉酶的进化分支与功能聚类。

第二节
魔鬼弧菌淀粉酶的催化活性研究

酶活性（酶活力）是酶催化效率的核心指标，反映单位时间内底物向产物转化的能力。其活性受酶浓度、反应条件（温度、pH、离子强度）及底物浓度等因素影响。通过测定特定条件下底物消耗速率或产物生成量（如分光光度法监测吸光度变化），可量化酶活性并解析其催化机制。酶学特性（最适温度、pH 稳定性等）的深入研究，不仅揭示了酶与底物的相互作用模式，还为工业酶制剂的工艺优化（如耐高温淀粉酶在淀粉液化中的应用）提供了关键数据支撑。

一、实验目的

① 掌握淀粉酶活性测定的操作流程与计算方法；

② 通过 His 标签亲和色谱技术分离纯化淀粉酶 Amy4，验证其催化活性与纯度的相关性。

二、实验原理

用 Bradford 法测定淀粉酶粗提液与纯化酶的快速定量，基本原理见第二章第二节。

淀粉酶水解产物葡萄糖为还原糖，通过 DNS 法测定还原糖含量（原理见第二章第四节），计算单位时间内生成的还原糖量得出酶活力单位（淀粉酶活性）。

淀粉酶 Amy4 的纯化基于组氨酸标签（6×His）的金属螯合亲和色谱。载体 pET28a-*amy4* 在目标蛋白 N 端融合 His 标签，使其特异性结合镍柱固定相。杂蛋白经低浓度咪唑缓冲液洗脱后，高浓度咪唑竞争性解离 His 标签与镍离子配位，最终获得高纯度 Amy4。该技术具有操作简便、纯度高的特点，为后续酶学性质研究奠定了基础。

三、材料、试剂与仪器

1. 实验材料

E. coli BL21（DE3）（pET28a-*amy4*）。

质粒载体含有 T7 启动子表达的魔鬼弧菌淀粉酶基因 *amy4*。

2. 试剂

LB培养基、卡那霉素（50mg/mL）、异丙基硫代-β-D半乳糖苷（IPTG，1.0mol/L）、DNS试剂、考马斯亮蓝G250、BSA标准蛋白溶液（5mg/mL）、葡萄糖、His标签蛋白纯化试剂盒。

配制不同pH的缓冲溶液：柠檬酸-柠檬酸钠缓冲液（0.1mol/L，pH 3～6），Na_2HPO_4-NaH_2PO_4缓冲液（0.1mol/L，pH 7～8），甘氨酸-NaOH缓冲液（0.1mol/L，pH 9～10），缓冲液含0.5%可溶性淀粉。

3. 实验仪器

灭菌锅、离心机、摇床、水浴锅、超声细胞破碎仪、紫外-可见分光光度计、锥形瓶、封口膜、离心管、试管等。

四、实验步骤

1. 魔鬼弧菌淀粉酶Amy4粗酶液的制备

① 将BL21DE3（pET28a-*amy4*）从甘油保藏管中以0.5%接种量接种至含有20mL LB培养基的小瓶中，37℃、200r/min条件下培养12h，得到种子液。

② 将种子液以5%接种量接种至50mL LB培养基中，培养至OD_{600}达到0.6～0.8，加入50μL诱导剂（1mmol/L IPTG）在20℃、200r/min诱导表达12h。

③ 取40mL发酵液，在4℃、8000*g*条件下离心10min，弃上清液，用10mL的Tris-HCl缓冲液（100mmol/L）将菌体沉淀洗涤一次，再用15mL Tris-HCl（100mmol/L）将菌体重悬。

④ 将装有菌悬液的离心管置于冰浴中进行超声破碎，超声仪探头置于液面下1cm，程序设置为超声2s间隔2s，超声破碎至溶液澄清。

⑤ 破碎的细胞溶液在4℃、8000*g*条件下离心30min。

⑥ 收集上清液为Amy4粗酶液，需低温保存。

2. 魔鬼弧菌淀粉酶Amy4的纯化

① 取1mL混匀的50% BeyoGold™ His-tag Purification Resin于4℃、2000*g*条件下离心10s，弃去除上层酒精。

② 向凝胶中加入500μL非变性裂解液，混匀以平衡凝胶，于4℃、2000*g*条件下离心10s弃去上层液体，重复平衡3次。

③ 将约4mL粗酶液与凝胶混合，装入10mL离心管中，冰浴，并在4℃摇床缓慢摇动60min。

④ 将混合物装入亲和色谱柱管中，待凝胶沉底后将纯化柱底部的盖子打开，在重力作用下使柱内液体流出。

⑤ 洗柱子5次，每次加入0.5mL非变性洗涤液。

⑥ 洗脱目的蛋白6～10次，每次用0.5mL非变性洗脱液洗脱，收集的洗脱液即为纯化的His标签蛋白样品，冰浴中保存。

3. 蛋白质浓度测定

① 蛋白标准曲线的绘制（考马斯亮蓝染色法）：用蛋白标准溶液（5mg/mL BSA）配制0mg/mL、0.125mg/mL、0.25mg/mL、0.5mg/mL、0.75mg/mL、1mg/mL、1.5mg/mL

蛋白标准溶液。

将不同浓度的蛋白标准液各取 5μL 于 1.5mL 离心管中，分别加入 250μL 的 G250 染色液，混合均匀。

适当稀释后，在 595nm 波长下测定吸光度，绘制蛋白标准曲线。

② 测定粗酶液、纯酶液的蛋白质浓度：取 5μL 粗酶液/纯酶液于 1.5mL 离心管中，分别加入 250μL 的 G250 染色液，混合均匀。适当稀释后，在 595nm 波长下测定吸光度。利用标准曲线计算蛋白质含量。

4. 魔鬼弧菌淀粉酶 Amy4 酶活力的测定

① 葡萄糖标准曲线的绘制（DNS 定糖法）：配制葡萄糖标准溶液（1g/L），取标准溶液 0mL、0.2mL、0.4mL、0.6mL、0.8mL、1.0mL 于试管中，用去离子水补足至 1mL。

加入 2mL DNS 试剂，混合均匀，沸水浴 2min，然后立即插入冰水中冷却，用去离子水补足至 5mL，混合均匀。

适当稀释后，在 540nm 波长下测定吸光度，绘制出葡萄糖标准曲线。

② 不同温度下酶活力的测定：配制 0.5% 的可溶性淀粉缓冲溶液（Na_2HPO_4-NaH_2PO_4，0.1mol/L，pH 7）。打开水浴锅调至指定温度，取 180μL 淀粉溶液于 1.5mL 离心管中进行水浴预热。取 20μL 酶液加入离心管，混合均匀，反应 10min。

反应结束后取 150μL 反应液加入预先加好 2mL DNS 试剂的试管中，混合均匀后沸水浴 2min，然后立即插入冰水中冷却。用去离子水补足至 5mL，混合均匀。适当稀释后，在 540nm 波长下测定吸光度（空白使用未酶解淀粉溶液与 DNS 试剂的反应液）。将数据代入葡萄糖标准曲线中算出还原糖的含量。

注意：温度梯度为 15～80℃，间隔为 5℃。Amy4 最适温度为 45℃。

③ 不同 pH 下酶活力的测定：配制不同 pH 的缓冲液。柠檬酸-柠檬酸钠（0.1mol/L，pH 3～6），Na_2HPO_4-NaH_2PO_4 缓冲液（0.1mol/L，pH 7～8），甘氨酸-NaOH 缓冲液（0.1mol/L，pH 9～10），缓冲液含 0.5%可溶性淀粉。

其余步骤参考上述不同温度下酶活力的测定。

注意：Amy4 淀粉酶最适 pH 为 7。

④ 酶活力的计算：酶活性（力）定义：最适条件下，每分钟释放 1μmol 葡萄糖所需要的淀粉酶量，定义为一个酶活力单位（U）。比活力为每毫克蛋白所包含的酶活力单位数。

五、结果与问题分析

① 通过亲和色谱成功纯化魔鬼弧菌淀粉酶 Amy4，采用考马斯亮蓝法测定粗酶液及纯酶液的蛋白质浓度。结果显示，纯化后酶液蛋白浓度显著降低，表明纯化步骤有效去除了杂蛋白，但需结合 SDS-PAGE 验证纯度。若纯酶液显色值偏低，可能是纯化过程中目标蛋白损失或 His 标签断裂导致结合效率下降。

② 以 BSA 和葡萄糖为标准品，分别绘制了线性良好的蛋白浓度标准曲线（$R^2 \geqslant 0.99$）与葡萄糖浓度标准曲线（$R^2 \geqslant 0.99$）。标准曲线的合格性需满足两点：标准点均匀分布、线性范围覆盖样品浓度。若个别数据点偏离趋势线，可能是移液误差或显色反应未

充分完成导致的。

③ 测定不同温度、不同 pH 条件下 Amy4 淀粉酶的酶活性，得到酶活性变化趋势，找到最适温度与 pH。

六、注意事项

① 诱导表达条件优化。BL21（DE3）/pET28a-*amy4* 的诱导需在 20℃进行，持续诱导 12h。高温（如 37℃）易导致目标蛋白错误折叠形成包涵体，同时菌体过度增殖（OD_{600}＞6）会降低超声破碎效率。低温诱导可减缓翻译速率，促进可溶性蛋白的正确折叠。

② 亲和色谱纯化操作。使用镍柱纯化 His 标签蛋白时，非变性洗涤缓冲液中低浓度咪唑（20～50mmol/L）用于去除弱结合杂蛋白。若洗涤流出液持续呈蓝色（考马斯亮蓝法检测），表明 His 标签与镍柱结合不稳定，可能因标签暴露不足或柱材失效。高浓度咪唑洗脱液（250～500mmol/L）需分步收集并检测吸光度，若洗脱峰未显色，可能是因为蛋白浓度过低或标签断裂，此时可浓缩样品或通过 Western blot 验证目标蛋白的存在。

③ 酶活性测定关键控制点。酶液需全程置于冰浴中以防止酶蛋白降解，尤其在多次取样时需避免反复冻融。DNS 法定量还原糖时，所有反应管需严格同步沸水浴（5min）与冰水骤冷（2min）。加热时间偏差或冷却延迟会导致显色程度差异，影响数据的可比性。

七、思考题

① 纯酶液用考马斯亮蓝显色不明显的原因有哪些？

② 改变条件，DNS 显色变化不明显，应该如何处理？

第三节
密码子扩展技术调控淀粉酶表达

标准遗传密码由 64 个密码子构成（61 个编码氨基酸，3 个为终止密码子），对应 20 种天然氨基酸。密码子扩展技术通过重新编程遗传密码，将冗余密码子（如终止密码子 TAG）分配给非天然氨基酸（UAA），从而突破自然限制，赋予蛋白质新功能。该技术的核心是构建正交翻译系统：外源引入的 tRNA-氨酰 tRNA 合成酶与宿主天然翻译机制严格隔离，确保非天然氨基酸精准插入目标位点。

密码子扩展技术在多个领域展现出广泛应用。它支持位点特异性标记，帮助实时追踪蛋白质动态，也可用于构建抗体-药物偶联物或设计光控疗法，如通过光敏氨基酸实现肿瘤治疗的精准调控。随着合成生物学工具的进步，密码子扩展有望推动个性化医疗、人工生命系统等领域的突破。

一、实验目的

① 掌握正交 tRNA-合成酶系统的设计原理与操作要点；

② 探讨密码子扩展技术在酶工程中的应用潜力。

二、实验原理

密码子扩展技术的核心元件为正交的 tRNA 及其氨酰-tRNA 合成酶，改造的 tRNA 识别目标密码子（如终止密码子 TAG），其对应的氨酰-tRNA 合成酶特异性将非天然氨基酸加载到 tRNA 上。该系统需与宿主翻译系统严格正交以避免交叉反应。例如，质粒 pEvol-pAzFRS. 2. t1 携带古菌 *Methanocaldococcus jannaschii* 的酪氨酰-tRNA 合成酶（TyrRS）及其特异性 $tRNA^{Tyr}$。该 tRNA-合成酶对可特异性识别琥珀密码子 TAG 并实现非天然氨基酸的精准插入，且与大肠杆菌内源翻译系统保持严格正交性。

为提升翻译效率，宿主菌株 *E. coli* C321. ΔA. M9adapted 进行了基因组重编程：通过全基因组替换将内源 TAG 密码子突变为 TAA，并敲除终止因子基因 *prfA*，彻底消除宿主对 TAG 的天然终止响应。在此背景下，目标基因（如 *amy4*）的 TAG 突变位点可被正交系统识别，插入非天然氨基酸并合成完整蛋白。淀粉酶 Amy4 的功能完整性可通过表型实验验证：若 TAG 位点成功识别，菌株恢复淀粉水解能力；反之，突变株因酶截短丧失活性，无法降解淀粉。

密码子扩展技术为研究蛋白质结构与功能、开发新型药物以及创造具有特殊性质的新材料提供了强大的手段，未来可能在治疗性蛋白设计、人工生命系统构建等领域实现更大突破。

三、材料、试剂与仪器

1. 实验材料

E. coli C321. ΔA. M9adapted（pEvol-pAzFRS. 2. t1）、*E. coli* JM109、质粒 pMV-*amy4*、质粒 pMV-*amy4* TAG。

2. 实验试剂

对乙酰基苯丙氨酸（4-acetyl-L-phenylalanine，pAcF）、质粒提取试剂盒、10%甘油、氨苄青霉素、LB 培养基等。

3. 实验仪器

灭菌锅、电转化仪、超声破碎仪、离心机、恒温培养箱、恒温振荡器、恒温水浴。

四、实验步骤

1. 质粒导入目的菌株

制备大肠杆菌 *E. coli* JM109 和 *E. coli* C321. ΔA. M9adapted（pEvol-pAzFRS. 2. t1）的电转化感受态细胞，将目标质粒转入，获得 3 种重组菌：*E. coli* JM109（pMV-*amy4*），含有原始 *amy4* 基因；*E. coli* JM109（pMV-*amy4* TAG），含有突变的 *amy4* 基因；*E. coli* C321. ΔA. M9adapted（pEvol-pAzFRS. 2. t1，pMV-*amy4* TAG），含有密码子扩展工具和突变的 *amy4* 基因。

2. 突变 Amy4 蛋白的翻译终止

将过夜的 *E. coli* JM109（pMV-*amy4*）和 *E. coli* JM109（pMV-*amy4* TAG）培养物 50mL 离心，收集细胞后进行超声破碎，制备粗酶液 500μL。

配制 2g/L 可溶性淀粉溶液，取 1mL 加入上述粗酶液 500μL，37℃水浴反应 1h，完毕后加入碘液 2 滴，观察颜色变化。

pMV-*amy4* 中为原始基因，能将淀粉酶解，而 pMV-*amy4* TAG 含有突变的基因，翻译提前终止，不具备酶解淀粉的功能。

3. 突变 Amy4 蛋白的翻译恢复

将过夜的 C321. ΔA. M9adapted（pEvol-pAzFRS. 2. t1，pMV-*amy4* TAG）培养物转接到含有 1mmol/L 对乙酰基苯丙氨酸的 LB 培养基中，同时添加 30mmol/L 阿拉伯糖，诱导表达密码子扩展工具 TyrRS/$tRNA^{Tyr}$，37℃、200r/min 培养 12h 后，取 50mL 菌液离心，收集细胞后进行超声破碎，制备粗酶液 500μL。同时，进行培养基中不添加对乙酰基苯丙氨酸和阿拉伯糖的对照组实验，制备对照组粗酶液。

配制 2g/L 可溶性淀粉溶液，取 1mL 加入上述粗酶液 500μL，37℃水浴反应 1h，完毕后加入碘液 2 滴，观察颜色变化。

在诱导物和非天然氨基酸存在时，密码子扩展工具可以识别突变基因编码序列的 TAG，并对应地掺入氨基酸，翻译可以继续并最终合成完整的淀粉酶。没有诱导物和非天然氨基酸时，由于表达系统的泄漏，菌体显示出微弱的淀粉酶活性，这可能与氨酰 tRNA 合成酶的底物特异性有关。

五、结果与问题分析

本实验通过密码子扩展技术调控魔鬼弧菌淀粉酶基因 *amy4* 的表达。将 *amy4* 开放阅读框内特定密码子替换为 TAG 终止密码子（质粒 pMV-*amy4* TAG）后，重组菌株的粗酶液（经超声破碎制备）完全丧失淀粉酶活性，表明突变基因在翻译过程中提前终止，无法合成完整功能蛋白。通过共转化质粒 pEvol-pAzFRS. 2. t1 引入正交翻译系统，并在培养基中添加对乙酰基苯丙氨酸和阿拉伯糖诱导时，粗酶液恢复淀粉酶活性，证实正交系统成功通读 TAG 密码子，实现对乙酰基苯丙氨酸的定点插入并合成完整酶蛋白。值得注意的是，实验体系存在翻译泄漏现象，即便不添加诱导物和非天然氨基酸，破壁制备的粗酶液也有较弱的淀粉酶活性。

六、注意事项

特定位点的非天然氨基酸掺入工具最初并非为严格调控蛋白质翻译而设计，因此在翻译水平上无法完全避免泄漏。此外，正交翻译系统的效率受多种因素影响，包括底盘菌株的适配性、翻译工具的表达水平以及 TAG 密码子的序列背景等。这些因素可能导致系统在无诱导条件下仍表现出一定的翻译活性。

七、思考题

① 试设计一种密码子扩展技术的应用。

② 为什么正交 tRNA-合成酶对需要与宿主天然翻译系统严格隔离？如果正交性不足，可能产生哪些问题？

第八章

酶结构与功能的关系测定

天然酶具有无数错综复杂的结构，可以催化多种多样的反应，如转移、水解、氧化还原等。一般来说，按分子组成的不同可以将酶分为两类：一类是单纯酶，是指仅含有蛋白质的酶；另一类是结合酶，含有酶蛋白和非蛋白质的其他成分，即辅因子。在结合酶分子中，酶蛋白决定酶的专一性，辅因子决定酶催化反应的性质或反应类型。

绝大多数酶的化学本质是蛋白质，因此它具有一级、二级、三级乃至四级结构。作为一种特殊的蛋白质，酶的活性中心的特殊结构赋予了酶催化特性和功能。酶的活性中心是指酶的结构中能够直接与底物结合，并催化底物发生反应的部位，通常包括两部分——结合中心和催化中心。其中结合中心是酶与底物结合的部分，决定酶的专一性；催化中心是酶催化底物发生反应的部分，决定催化反应的性质。除了酶的活性中心外，酶活性中心外围甚至表面的氨基酸也能够影响酶的结构及稳定性，进而影响酶与底物的结合或催化能力。近年来，人工智能（AI）技术在酶工程领域取得了显著突破，尤其是基于机器学习和深度学习的模拟工具，为酶的设计与优化提供了全新的思路。通过对大规模酶数据库的学习，AI能够模拟计算氨基酸的变化对酶结构及功能的影响，并预测其作用规律，从而为研究酶与底物的结合及催化能力提供理论支持，大大降低了实验成本。

本实验旨在借助一系列AI模拟工具为氨基酸的选择提供理论指导，通过改变酶的活性中心或表面氨基酸，并测定氨基酸改变后酶对底物的选择性和催化能力等的变化，证明酶的结构对其催化功能的影响。

第一节
改造酶的结合中心改变酶对底物的选择性

酶的结合中心是酶与底物结合的部分，决定酶的专一性，通常由多个氨基酸残基构成，这些残基通过氢键、范德瓦耳斯力等与底物相互作用。改造酶的结合中心，能够改变酶对底物的选择性，影响酶的催化功能。

一、实验目的

① 理解改造酶结合中心的氨基酸会改变酶对底物的选择性的原理；

② 掌握酶动力学参数测定的实验方法。

二、实验原理

酶的结合中心是酶与底物结合的部分，决定酶的专一性，由多个氨基酸残基构成，这些残基通过氢键、范德瓦耳斯力等与底物相互作用。改变酶的结合中心，能够改变酶对底物的选择性，影响酶的催化功能。

来源于产酸克雷伯菌（*Klebsiella oxytoca*）的二醇脱水酶（PpdACB）与乙醇脱氢酶（YqhD）偶联能够催化天然底物 1,2-丙二醇脱水生成 1-丙醇，催化反应见图 8-1，但是该酶无法接受 1,2,4-丁三醇作为底物脱水生成 1,4-丁二醇。本实验通过改变该二醇脱水酶结合中心的氨基酸残基，改变结合中心结构，实现对底物 1,2,4-丁三醇的催化。

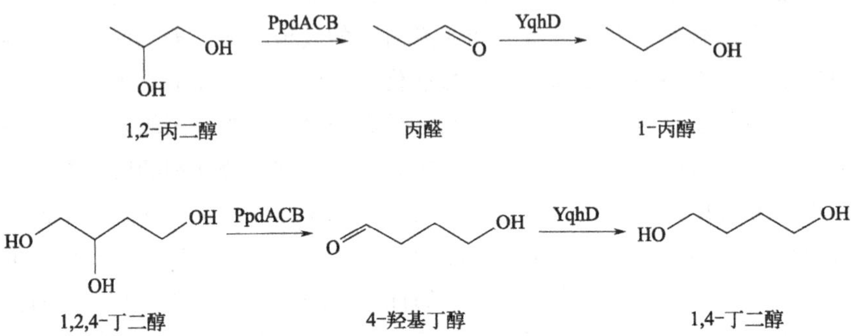

图 8-1 二醇脱水酶催化反应式

研究发现 PpdACB 蛋白的 301 位丝氨酸（Ser301）与底物 1,2,4-丁三醇的 4 位羟基会形成氢键，阻碍该底物进入酶的活性中心，但是对于原始底物 1,2-丙二醇，该位点不会形成氢键，可使底物顺利进入活性中心完成结合及催化。可将 Ser301 突变为其他氨基酸以解除 1,2,4-丁三醇与酶的相互作用，有望使底物顺利进入活性中心。

相较于原始底物 1,2-丙二醇，1,2,4-丁三醇具有更大的分子结构，需要考虑 PpdACB 的结合中心能否容纳 1,2,4-丁三醇分子。通过模拟软件测量该酶结合中心 336 位谷氨酰胺（Gln336）与 296 位谷氨酰胺（Gln296）之间的距离为 7.93Å[1]（图 8-2）。可将 Gln336 突变为更小侧链的氨基酸来扩大催化中心区域，以使该酶可以容纳更大的底物分子。

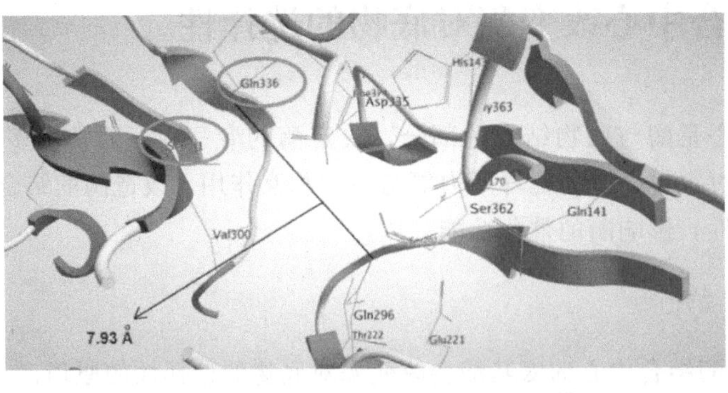

图 8-2 天然脱水酶 PpdACB 的催化口袋

[1] 1Å=0.1nm。

三、材料、试剂与仪器材料

1. 实验材料

E. coli BL21（DE3）、质粒 pETDuet-ppdACB、质粒 pETDuet-ppdACB（突变体）、96 孔透明酶标板、试管、250mL 圆底摇瓶、超滤管、培养皿、2mL 离心管。

2. 试剂

蛋白质纯化及浓度测定：100g/L 氨苄青霉素母液、Tris-HCl 缓冲液（100mmol/L，pH=6.5）、40%（质量分数）甘油、BCA 蛋白定量试剂盒。

PBS（10mmol/L，7.4）配制方法见第二章第二节。

100mmol/L IPTG 母液，LB 固体及液体培养基，浓度为 30mmol/L、50mmol/L、300mmol/L、500mmol/L 的咪唑洗涤缓冲液，裂解缓冲液（配制方法见第六章第二节）。

二醇脱水酶活性测定：辅酶 B_{12}、KCl、NADPH、$ZnCl_2$、1,2,4-丁三醇、纯化的乙醇脱氢酶蛋白。

K_2HPO_4 缓冲液（100mmol/L，pH8.0）配制：17.42g K_2HPO_4，溶于 900mL 去离子水中，逐滴加入浓盐酸，直至 pH 8.0，定容至 1L。

SDS-PAGE 电泳试剂及方法见第四章第二节。

3. 实验仪器

恒温摇床、超净工作台、高压灭菌锅、低温高压均质机、冷冻离心机、酶标仪、蛋白电泳仪、凝胶成像仪、金属浴、台式离心机、微量移液器。

四、实验步骤

1. 解除底物抑制以提高酶的催化活性

将二醇脱水酶突变体的 301 位丝氨酸突变为丙氨酸，选择丙氨酸是因为丙氨酸侧链不易与底物发生额外的反应，测定突变后 PpdACB 对底物 1,2,4-丁三醇的酶学动力学参数。

2. 扩大蛋白质催化中心区域以适应更大底物

将二醇脱水酶 336 位谷氨酰胺突变为具有较小侧链的丙氨酸，测定突变前后 PpdACB 对底物 1,2,4-丁三醇的酶学动力学参数。

3. PpdACB 蛋白的表达和纯化

（1）PpdACB 蛋白的表达　将质粒 pETDuet-ppdACB 或 pETDuet-ppdACB（突变体）分别转入 *E. coli* BL21（DE3）。平板过夜培养后，挑取单菌落在 4mL LB 液体培养基试管中，同时加入 4μL 的氨苄青霉素，置于恒温摇床中 37℃、220r/min 培养 10h；取 1mL 新鲜菌液接种至 100mL LB 液体培养基中，同时加入 100μL 的氨苄青霉素，置于恒温摇床中 37℃、220r/min 培养 3h 后，加入 100μL 的 IPTG 诱导目的蛋白表达，转至恒温摇床中 30℃、220r/min 培养 10h。

（2）PpdACB 蛋白的纯化　使用冷冻离心机（4℃，2500*g*，10min）收集（1）中的菌体，随后加入 20mL 裂解缓冲液重悬混匀；低温高压均质机破碎细胞 8min；收集破碎的混悬液，使用冷冻离心机离心（4℃、1700*g*，30min），获得上清液。

纯化用镍柱亲和色谱法，将 2mL Ni-NTA Agarose Resin 填料装至色谱柱中；使用 5mL 裂解缓冲液平衡色谱柱 2～3 次后，将离心上清液倒入色谱柱中，静置 5min 后流出，进行二次吸附；再依次使用 30mmol/L、50mmol/L 的咪唑洗涤缓冲液洗脱杂蛋白，各重复 3 次；之后用 3mL 浓度为 300mmol/L 的咪唑溶液洗脱目的蛋白，多次吸附，将流出液收集到超滤管中；最后用浓度为 500mmol/L 的咪唑缓冲液将色谱柱洗脱干净，加入适量裂解缓冲液保存色谱柱。

(3) 目的蛋白的保存　将装有纯化后蛋白的超滤管在 4℃、1700g 离心，同时用 Tris-HCl 缓冲液（100mmol/L，pH=6.5）1∶1 洗脱咪唑，将目的蛋白超滤至剩余约 500μL；使用 40%甘油与其 1∶1 均匀混合后分装到提前进行高温高压灭菌处理的 2mL 离心管中，放于−80℃保存。

4. BCA 蛋白定量法测定 PpdACB 蛋白浓度

在蛋白质定量试验中，最常用的方法是二喹啉甲酸法（BCA）。主要原理是蛋白质在碱性环境下，可以将 Cu^{2+} 还原为 Cu^{+}，而一个 Cu^{+} 又会与两分子 BCA 螯合为一种紫色络合物，这种紫色络合物在 562nm 波长下有最大吸收，由此，可以根据吸光度的大小计算出样品中蛋白质的含量。

(1) 配置 BCA 溶液　按照 A∶B=50∶1 的体积比，再根据实际所需测的样品数来配置 BCA 溶液，每个样品需要 200μL 左右。例如，10 个样品，则需要 A 液 10×200μL=2000μL，B 液 2000μL/50=40μL，将 A 液、B 液混合即为 BCA 溶液。

(2) 配置标准蛋白样品　将 5g/L 的蛋白标准品用 PBS 缓冲液稀释 10 倍，即得到 0.5g/L 的蛋白标准品，再按照表 8-1 制作标准曲线样品。

(3) 测定 PpdACB 蛋白浓度　依次将 PBS 缓冲液和蛋白标准品加入 96 孔透明酶标板（表 8-1），待测的蛋白样品则根据稀释倍数计算所加 PBS 与样品的体积，例如稀释 10 倍或 20 倍时，需要加入 18μL PBS 或 19μL PBS，2μL 样品或 1μL 样品，随后将配置好的 BCA 溶液加入孔中，每孔 200μL；将 96 孔板置于 37℃ 45min 或室温 2h；最后将 96 孔板置于酶标仪中，在波长 562nm 下检测吸光度。

表 8-1　BCA 蛋白浓度标准曲线

孔号	PBS/μL	蛋白标准品/μL	浓度/(g/L)
A	20	0	0
B	19	1	0.025
C	18	2	0.05
D	16	4	0.1
E	12	8	0.2
F	8	12	0.3
G	4	16	0.4
H	0	20	0.5

5. SDS-PAGE 电泳

将实验步骤 3 中表达 PpdACB 蛋白的细胞使用低温高压均质机破碎离心后，取上清液，以及用同样体积重悬后的沉淀液，分别与蛋白缓冲液混合均匀，置于 100℃的金属浴加热 10min，离心（13800g，1min）后在蛋白胶中上样，同时加入蛋白质分子量标准液，开始电泳。电泳结束后，对凝胶进行染色和脱色，并使用凝胶成像仪扫描分析。

6. 二醇脱水酶 PpdACB 动力学参数测定

测定总体系为 1mL，二醇脱水酶活性通过与乙醇脱氢酶的活性耦合测定。使用实验步骤 3 中纯化好的二醇脱水酶（突变体）蛋白，并测定蛋白浓度。依次向离心管中加入终浓度为 0.2mmol/L 辅酶 B_{12}、K_2HPO_4 缓冲液（35mmol/L，pH8.0）、25mmol/L KCl、0.5mmol/L NADPH、5mmol/L $ZnCl_2$，底物 1,2,4-丁三醇在体系中的终浓度分别为 0、2mmol/L、5mmol/L、10mmol/L、15mmol/L 和 20mmol/L。充分混匀后迅速向反应体系加入终浓度为 0.02g/L 纯化的二醇脱水酶（突变体）蛋白和 0.11g/L 纯化的乙醇脱氢酶蛋白。置于室温下反应 1min 后迅速离心（13800g，1min）。吸取上清液加到 96 孔透明酶标板中，测定在 340nm 下消耗的 NADPH。空白对照中分别将酶、底物和 NADPH 替换为纯水。

五、结果与问题分析

1. 二醇脱水酶的凝胶电泳分析

SDS-PAGE 凝胶电泳分析显示，野生型和突变体的条带明显且较单一，则证明蛋白质成功表达且表达良好。

2. 二醇脱水酶蛋白质纯化后浓度测定

将反应后的 96 孔板置于酶标仪中，在 562nm 下检测吸光度。以蛋白质浓度为横坐标，吸光度为纵坐标，绘制标准曲线，R^2 值越接近 1，表明曲线拟合得越好。根据标准曲线拟合公式计算出样品蛋白浓度。

3. 二醇脱水酶突变体 Ser301Ala 效果验证及结果分析

构建 Ser301Ala 脱水酶突变体，进行体外酶活性测定。酶活性测定实验获得的数据通过 Origin 软件中的 Enzyme Kinetics 对动力学参数进行拟合分析。

分析数据发现，相较于野生型，突变后二醇脱水酶 PpdACB 对底物 1,2,4-丁三醇的催化活性进一步提高，K_m 数值变小，K_{cat} 值变大，说明酶对底物的亲和力增加，催化速率加快。这是由于 301 位氨基酸残基丝氨酸突变为丙氨酸解除了 1,2,4-丁三醇的 4 位碳上羟基基团与 301 位残基丝氨酸的氢键，促进了 1,2,4-丁三醇进入活性中心，进而提高了 PpdACB 的催化活性。

4. 二醇脱水酶突变体 Q336A 效果验证及结果分析

构建 Gln336Ala 脱水酶突变体，进行体外酶活性测定。酶活性测定实验获得的数据通过 Origin 软件中的 Enzyme Kinetics 对动力学参数进行拟合分析。

分析数据发现突变后二醇脱水酶 PpdACB 对底物 1,2,4-丁三醇的催化活性有所提高，K_{cat} 值变大。对 PpdACB 进行三维结构分析，发现突变后 Ala336 和 Gln296 之间的距离增加到 8.47Å，如图 8-3 所示，与突变前（图 8-2）相比，催化中心区域更大，为底物进入催化中心区域提供更多的空间，实现了 PpdACB 对 1,2,4-丁三醇的催化，改变了 PpdACB 的底物选择性。

六、注意事项

① 二醇脱水酶活性需要与乙醇脱氢酶的活性耦合测定。

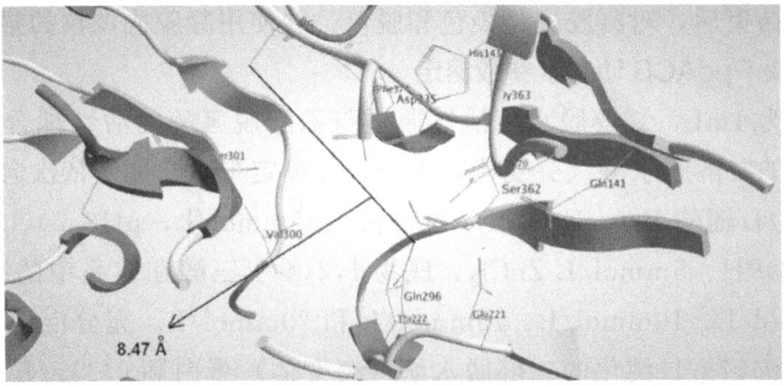

图 8-3 脱水酶突变体 Gln336Ala 的催化口袋

② 酶纯化需全程保持低温环境，避免酶活性丧失对后续测定酶动力学参数造成影响。

③ 使用 BCA 蛋白定量法测定目的蛋白浓度时，要确保结果的可靠性和可重复性，避免因外界环境因素影响实验结果。

④ 测定酶活性时，因为反应时间较短，终止反应要迅速，避免人为因素对实验结果造成较大误差。

七、思考题

① 增大底物结合中心一定能提高酶的催化活性吗？

② 酶对底物的催化速率受到哪些因素的影响？

第二节
改造酶活性中心外围区域改变酶的催化效率

酶活性中心外围区域虽然不直接参与反应，却能通过影响酶的“灵活性”、稳定中间产物或改变底物进入的路径，间接影响酶与底物的结合或催化效率。

一、实验目的

① 理解改变活性中心外围区域的结构影响酶催化效率的原理；

② 掌握酶动力学参数测定的实验方法。

二、实验原理

酶活性中心外围的氨基酸残基也可以改变酶的结构，进而影响酶与底物的结合或催化效率。4-羟基苯乙酸 3-羟化酶（HpaB）是一种 FAD 依赖性羟化酶，具有广泛的底物特异性和较高的催化活性。来自大肠杆菌（*Escherichia coli*）的 HpaB（EcHpaB）除了能够天然催化 4-羟基苯乙酸（4-HPA）的邻位羟基化转化为 3,4-二羟基苯乙酸（3,4-DHPA）外，还能够羟基化一系列苯丙烷类化合物以产生广泛的天然产物，如催化对香豆酸生成咖啡酸，催化更大的底物柚皮素转化为圣草酚，但催化效率较低，催化反应见图 8-4。本实验通过改变 EcHpaB 活性中心外围区域的氨基酸残基，改变 EcHpaB 对底物对香豆酸和柚皮素的催化效率。

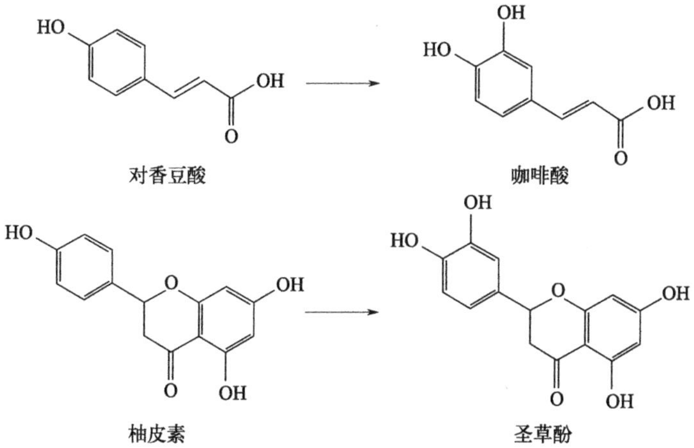

图 8-4　EcHpaB 催化反应式

EcHpaB 是一种四聚体，整个 EcHpaB 结构包含 30 个螺旋和 16 个 β 链，值得注意的是，在该酶的活性中心上方覆盖着一段特殊的环区（loop 区，图 8-5），该区域的灵活性、大小及形状等结构特征可影响底物进入酶的活性中心，从而影响酶的催化性质。有研究表明嗜热细菌（*Thermus thermophilus* HB8 *）来源的 HpaB（TtHpaB）环区与 EcHpaB 环区结构不同。如图 8-5 所示，EcHpaB 的环区结构是一段无规则卷曲-螺旋-无规则卷曲，而 TtHpaB 是一段无规则卷曲。两者对于对香豆酸和柚皮素的催化活性也有很大差别，EcHpaB 对于较大的底物柚皮素具有更高的催化活性。基于两个酶的结构和功能的区别，本实验通过改变 EcHpaB 环区的氨基酸序列，调整环区的空间结构，并探究该环区结构变

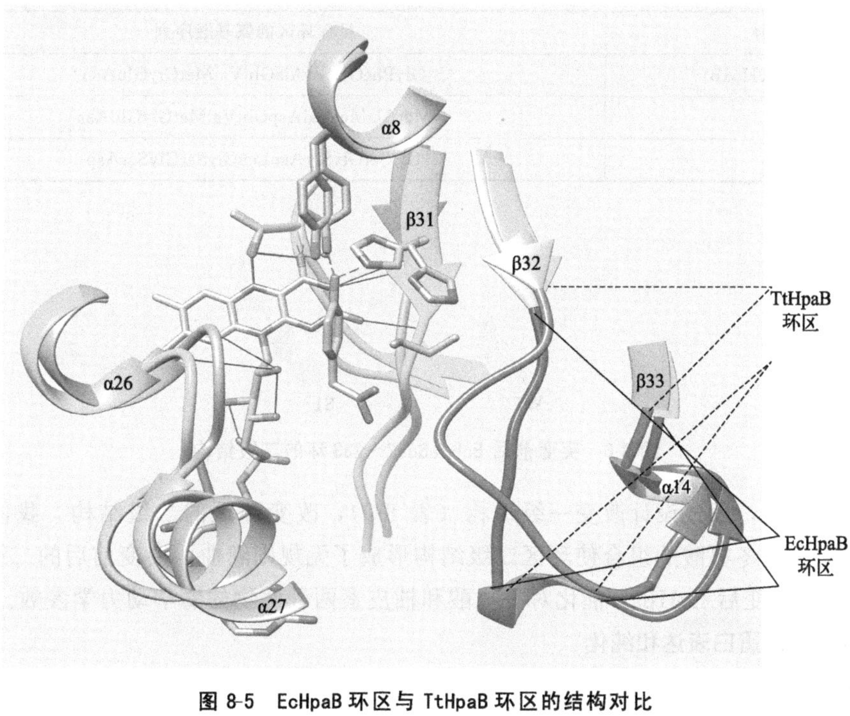

图 8-5　EcHpaB 环区与 TtHpaB 环区的结构对比

化对酶 EcHpaB 催化效率的影响。

三、材料、试剂与仪器

1. 实验材料

E. coli BL21（DE3）、质粒 pETDuet-EcHpaB、质粒 pETDuet-EcHpaB（突变体）、96 孔透明酶标板、试管、250mL 圆底摇瓶、超滤管、培养皿、2mL 离心管。

2. 试剂

蛋白纯化及浓度测定所用试剂见本章第一节。

HpaB 酶活性测定：磷酸钾缓冲液（20mmol/L，pH=7.0）、FAD、NADH、对香豆酸、柚皮素、纯化的 HpaC 蛋白、甲醇。

SDS-PAGE 电泳：蛋白质缓冲液、蛋白质分子量标准液、蛋白质染色液、蛋白质脱色液。

3. 实验仪器

恒温摇床、超净工作台、高压灭菌锅、低温高压均质机、冷冻离心机、酶标仪、蛋白电泳仪、凝胶成像仪、金属浴、水浴锅、高效液相色谱仪、台式离心机、微量移液器。

四、实验步骤

1. 改变 EcHpaB 环区序列和结构

将环区序列的前 5 个氨基酸残基改变为侧链更大的氨基酸残基（表 8-2），但该一级结构的变化不改变环区的二级结构，创建突变体 S1，突变前后的二级结构见图 8-6（WT 为野生型）。测试突变前后 EcHpaB 催化对香豆酸和柚皮素两种底物的酶学动力学参数。

表 8-2　环区的氨基酸序列

突变体	目标环区的氨基酸序列
野生型 EcHpaB	GlyPheGlySerAlaGlnValMetGlyGluAsn
S1	MetAlaMetValAspGlnValMetGlyGluAsn
S2	GlySerGlySerAspLeuGlySerGlySerAsp

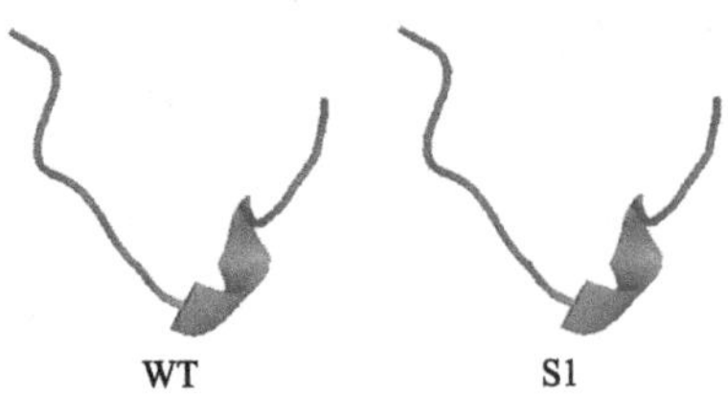

图 8-6　突变前后 EcHpaBβ32～β33 环的二级结构

第二个突变，通过设计改变一级结构（表 8-2），改变环区的二级结构。我们使甘氨酸、丝氨酸和天冬氨酸的组合使环区二级结构形成了无规则卷曲，突变前后的二级结构见图 8-7。测试突变后 EcHpaB 催化对香豆酸和柚皮素两种底物的酶学动力学参数。

2. EcHpaB 蛋白表达和纯化

具体操作见本章第一节。

图 8-7　突变前后 EcHpaB 环区的二级结构

3. BCA 蛋白定量法测定 EcHpaB 蛋白浓度

具体操作见本章第一节。

4. SDS-PAGE 电泳

具体操作步骤见本章第一节。

5. EcHpaB 动力学参数测定

测定总体系为 100μL，EcHpaB 活性通过与 HpaC 的活性耦合测定。使用纯化的 EcHpaB（突变体）蛋白，并测定蛋白浓度。依次向离心管中加入终浓度为 20mmol/L 磷酸钾缓冲液（pH＝7.0）、10μmol/LFAD、1mmol/L NADH，底物终浓度为 0、50μmol/L、100μmol/L、200μmol/L、400μmol/L、600μmol/L、800μmol/L、1000μmol/L。充分混匀后迅速向反应体系加入终浓度为 500nmol/L 纯化的 HpaB（突变体）蛋白和 500nmol/L 纯化的 HpaC 蛋白。将混合物置于 30℃水浴锅中孵育 30min。反应结束后加入等体积甲醇终止反应，离心（13800*g*，1min）。通过 HPLC 测定产物生成量和底物消耗量。每个底物浓度设置 3 个平行实验组。

五、结果与问题分析

1. EcHpaB 蛋白的凝胶电泳分析

SDS-PAGE 凝胶电泳分析显示，野生型和突变体的条带明显且较单一，则证明蛋白成功表达且表达较好。

2. EcHpaB 蛋白纯化后浓度测定

将反应后的 96 孔板置于酶标仪中，在 562nm 下检测吸光度。以蛋白质浓度为横坐标，吸光度为纵坐标，绘制标准曲线，R^2 值越接近 1，表明曲线拟合得越好。根据标准曲线拟合公式计算出样品蛋白浓度。

3. EcHpaB 突变体 S1 效果验证及结果分析

测试 EcHpaB 突变体 S1 对底物对香豆酸和柚皮素的催化活性，酶活性测定实验获得的数据通过 Origin 软件中的 Enzyme Kinetics 对动力学参数进行拟合分析。分析数据发现，突变体 S1 对两种底物的催化活性都有所降低，表现为突变后底物米氏常数 K_m 值变大，K_{cat} 值变小。这些结果表明，这部分突变的引入对 EcHpaB 的催化效率产生了负面影响，使酶对底物的结合亲和力降低。分析原因是引入较大侧链氨基酸残基增强了底物该区域的空间位阻，即使突变后酶的二级结构没有发生变化（图 8-6），依然会对酶活性造成影响，说明催化位点附近区域一级结构的变化可以影响酶的催化性质。

4. EcHpaB 突变体 S2 效果验证及结果分析

测试 EcHpaB 突变体 S2 对底物对香豆酸和柚皮素的催化活性，酶活性测定实验获得的数据通过 Origin 软件中的 Enzyme Kinetics 对动力学参数进行拟合分析。分析数据发现，S2 对两种底物的亲和力都有所提高，且对较大底物（柚皮素）有更高的 K_{cat} 值。这些结果表明，这部分突变引入较小侧链的氨基酸残基，减小了底物在该区域的空间位阻，且由图 8-7 可以看出突变后 S2 的环区是无规则卷曲结构，比野生型的无规则卷曲-螺旋-无规则卷曲结构具有更高的灵活性，有利于酶在催化过程中接受较大的底物进行催化反应，说明催化位点附近的高级结构变化可以影响酶的催化性质。

六、注意事项

① 酶纯化需全程保持低温环境，避免酶活性丧失对后续测定酶动力学参数造成影响。
② 测定酶活性时，需要在加入酶后立刻开始计时，且每个底物浓度设置三个平行实验组。

七、思考题

是否可以将覆盖在酶活性中心上方的环区彻底去掉，从而提高酶的催化活性？

第三节
改造酶表面氨基酸提高酶的稳定性

表面氨基酸（远离活性中心的氨基酸）可以通过氢键、疏水相互作用等与其他区域的氨基酸相互作用，改造酶的表面氨基酸可能导致酶的整体构象发生变化，使酶的稳定性发生改变，进而影响酶对底物的催化活性。

一、实验目的

① 理解改造酶的表面氨基酸残基会改变酶催化活性的原理；
② 掌握酶动力学参数测定的实验方法。

二、实验原理

来自拟南芥（*Arabidopsis thaliana*）的阿魏酰辅酶 A 邻羟基化酶（F6′H）能够催化阿魏酰辅酶 A 的邻位羟基化，所得产物经历自发内酯化形成东莨菪亭，催化反应见图 8-8。通过 AI 预测，改变 F6′H（图 8-9）的表面氨基酸残基，改变其结构稳定性，进而改变对阿魏酰辅酶 A 的催化活性。

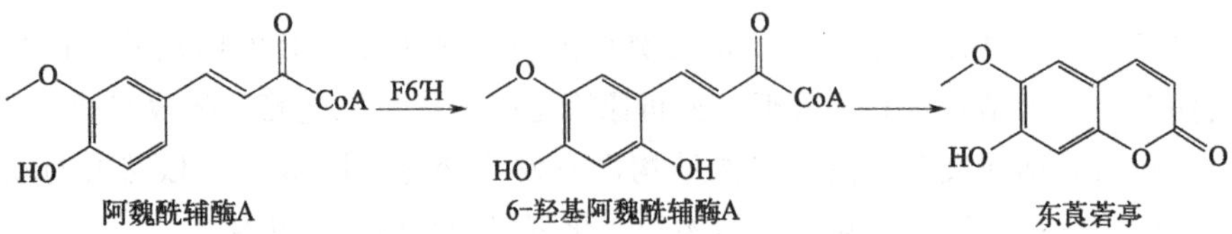

图 8-8　F6′H 催化反应式

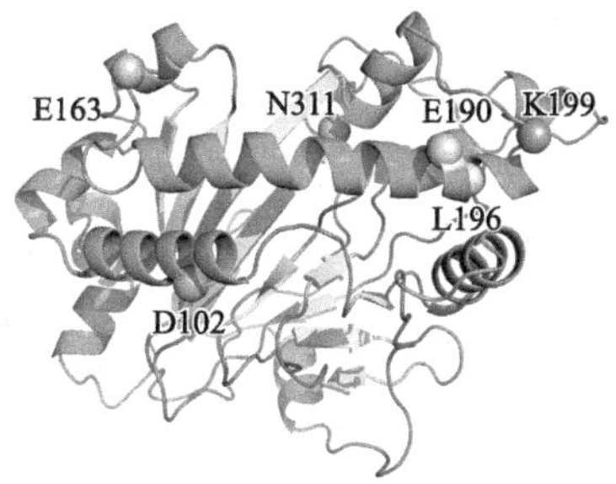

图 8-9　F6′H 的空间结构及表面氨基酸

三、材料、试剂与仪器

1. 实验材料

E. coli BL21（DE3）、质粒 pETDuet-F6′H、质粒 pETDuet-F6′H（突变体）、96 孔透明酶标板、试管、250mL 圆底摇瓶、超滤管、培养皿、2mL 离心管。

2. 实验试剂

蛋白质纯化及浓度测定所用试剂见本章第一节。

F6′H 酶活性测定：Tris-HCl 缓冲液（100mmol/L，pH＝6.5）、七水合硫酸亚铁、维生素 C、α-酮戊二酸、阿魏酰辅酶 A、东莨菪亭、氢氧化钠、乙酸、BSA。

SDS-PAGE 电泳所有试剂见本章第一节。

3. 实验仪器

恒温摇床、超净工作台、高压灭菌锅、低温高压均质机、冷冻离心机、酶标仪、蛋白电泳仪、凝胶成像仪、金属浴、水浴锅、台式离心机、微量移液器。

四、实验步骤

1. 突变 F6′H 表面氨基酸

选择 F6′H 三个表面氨基酸残基，分别是 102 位天冬氨酸、163 位谷氨酸和 190 位谷氨酸，将 102 位天冬氨酸突变为谷氨酸（Asp102Glu），163 位谷氨酸突变为赖氨酸（Glu163Lys），190 位谷氨酸突变为赖氨酸（Glu190Lys），得到突变体 M。

2. F6′H 蛋白表达和纯化

具体操作见本章第一节。

3. BCA 蛋白定量法测定 F6′H 蛋白浓度

具体操作见本章第一节。

4. SDS-PAGE 电泳

具体操作见本章第一节。

5. F6′H 动力学参数测定

测定总体系为 100μL。使用纯化的 F6′H（突变体）蛋白，并测定蛋白浓度。依次向离心管中加入终浓度为 50mmol/L Tris-HCl 缓冲液（pH＝6.5），1g/L BSA，5μmol/L $FeSO_4 \cdot 7H_2O$，100μmol/L 维生素 C，200μmol/L α-酮戊二酸，底物阿魏酰辅酶 A 终浓度分别为 0μmol/L、5μmol/L、10μmol/L、15μmol/L、20μmol/L、40μmol/L、50μmol/L。充分混匀后迅速向反应体系加入 2μg 纯化的 F6′H（突变体）蛋白。将混合物置于 30℃水

浴锅中孵育1min。反应结束后加入20μL 3mol/L NaOH溶液终止反应（使残余底物中的辅酶A键断裂）。终止反应后的体系在30℃金属浴中反应6min，再加入20μL乙酸（进行酸碱中和）混合均匀后离心（13800g，1min）。吸取上清液加入96孔透明酶标板中，在酶标仪中检测波长345/462nm下的吸光度。每个底物浓度设置3个平行实验组。

五、结果与问题分析

1. F6′H的凝胶电泳分析

SDS-PAGE凝胶电泳分析显示，野生型和突变体的条带明显且较单一，则证明蛋白成功表达且表达较好。

2. F6′H蛋白纯化后浓度测定

将反应后的96孔板置于酶标仪中，在562nm下检测吸光度。以蛋白质浓度为横坐标，吸光度为纵坐标，绘制标准曲线，R^2值越接近1，表明曲线拟合得越好。根据标准曲线拟合公式计算出样品蛋白浓度。

3. F6′H表面氨基酸突变的结果分析

使用野生型F6′H和突变体M分别进行酶学动力学测定，酶活性测定实验获得的数据通过Origin软件中的Enzyme Kinetics对动力学参数进行拟合分析。分析数据发现相对于野生型F6′H，突变体M对底物阿魏酰辅酶A的催化活性增强，表现为米氏常数K_m值变小，K_{cat}值变大。

通过利用Alpha-fold3模拟获得突变体的晶体结构，对突变前后酶的结构进行分析，由图8-10(a)可以看出，突变后Glu102、Lys163、Lys190与周围的氨基酸残基形成9个氢键，其中将102位的天冬氨酸突变为谷氨酸延长了侧链，与105位的赖氨酸形成了盐桥。而野生型F6′H空间结构中仅形成了五个氢键［图8-10(b)］。突变后酶表面新形成的氢键和盐桥可以进一步稳定蛋白质结构，有助于提高酶对底物的催化活性。因此，由表面氨基酸改变导致的间接相互作用，也会产生更有利于底物催化的结构，提高酶的稳定性，从而增强酶对底物的催化活性。

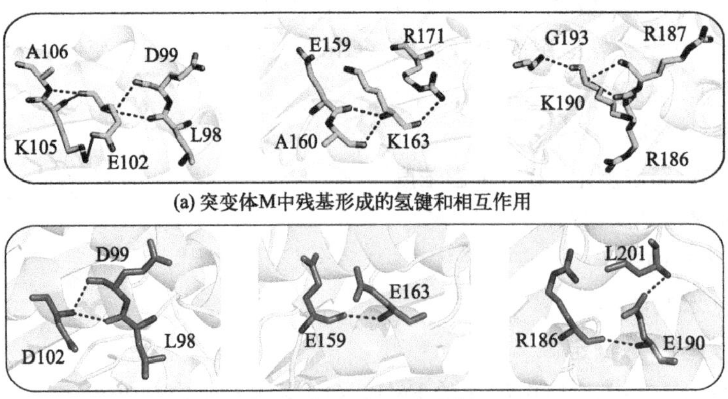

(a) 突变体M中残基形成的氢键和相互作用

(b) 野生型F6′H中残基形成的氢键

图8-10 野生型F6′H与突变体M的空间结构

（虚线表示氢键，实线表示盐桥相互作用）

六、注意事项

① 酶纯化需全程保持低温环境，避免酶活性丧失对后续测定酶动力学参数造成影响。

② 测定酶活性时，需要在加入酶后立刻开始计时，且每个底物浓度设置 3 个平行实验组。

七、思考题

① 酶表面氨基酸的突变是否可以改变其空间结构？

② 在测定酶学动力学常数时，如何确保实验结果的准确性和可重复性？

第九章

腺相关病毒的制备、纯化与检测

基因治疗是指对人类的基因直接修饰和编辑，或者将外源正常基因导入靶细胞，从而纠正或替代基因缺陷和突变引起的疾病，最终达到有效治疗疾病的目的。基因治疗的载体可分为病毒载体和非病毒载体，最常见的病毒载体包括腺病毒（adenovirus，AdV）、腺相关病毒（adeno-associated virus，AAV）、逆转录病毒（retrovirus，RV）和慢病毒（lentivirus，LV）。重组腺相关病毒（recombinant AAV，rAAV）载体以其安全性高、免疫原性低、宿主范围广、特异性强等特点有着更广阔的应用前景。根据 ClinicalTrials. gov 的登记记录，近年来临床以 AAV 为载体的基因治疗试验数量增长迅猛，从 2016 年的不足 10 个提升至 2022 年 6 月的 239 个。rAAV 已被广泛应用于治疗多种疾病，例如 Leber 先天性黑矇、杜氏肌营养不良症、血友病和帕金森病。我国以 rAAV 为载体的基因治疗在神经退化性疾病、眼科和代谢病方面的研究获得了迅速发展。

AAV 属于细小病毒科，是一种小型的非致病性细小病毒，属于无包膜病毒，直径约 26nm，可感染人类以及许多其他动物。其基因组为线性单链 DNA，大小约 4.7kb。病毒基因组编码 3 个基因 *Rep*、*Cap* 和 *AAP*，基因组的两端是 2 个末端反向重复序列（ITR）。*Rep* 基因编码病毒复制所需的 4 种蛋白质为 Rep78、Rep68、Rep52 和 Rep40（以其分子量命名），由来自 2 个不同启动子的转录本的替代 RNA 剪接产生：Rep78/68 由 P5 启动子调节，而 Rep52/40 在 P19 启动子的控制下。病毒表面由衣壳蛋白 VP1、VP2、VP3 按 1∶1∶10 比例组成二十面体结构，总计 60 个拷贝，*AAP* 基因编码组装激活蛋白（AAP）（图 9-1）。衣壳蛋白的不同突变型产生了不同的 AAV 血清型，目前已有超过 11 种常用的 AAV 血清型（AAV1～AAV11）。常用的 AAV 载体是 rAAV，其中 *Rep*、*Cap* 和 *AAP* 基因被转基因表达盒取代（图 9-2）。

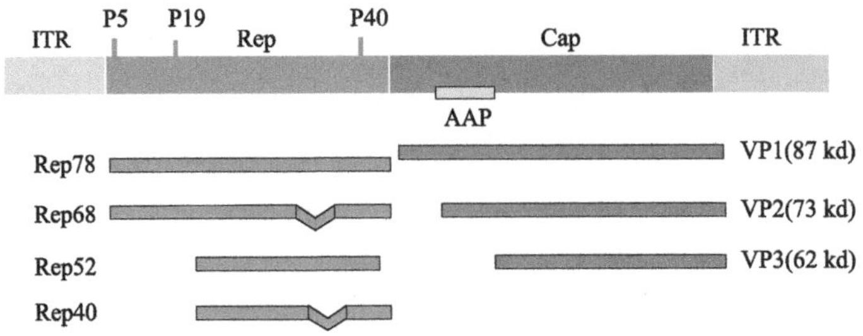

图 9-1　AAV 病毒的基因组结构

图 9-2 rAAV 载体的基因组结构

野生型 AAV 是一种缺陷型病毒，最初是从 AdV 培养液中发现的，本身不具备有效自我复制遗传物质的能力，只有在辅助病毒共同感染时才能复制。目前，有 3 种主要的辅助病毒用于 AAV 的生产：AdV、单纯疱疹病毒（HSV）和杆状病毒（Bac）。AdV 和 HSV 辅助 AAV 生产方法需要利用哺乳动物细胞系，例如 HEK293T、HEK293、A549、Hela 细胞等，而 Bac 系统需要昆虫细胞。目前有 4 种主要生产方法用于制备 rAAV（图 9-3）。

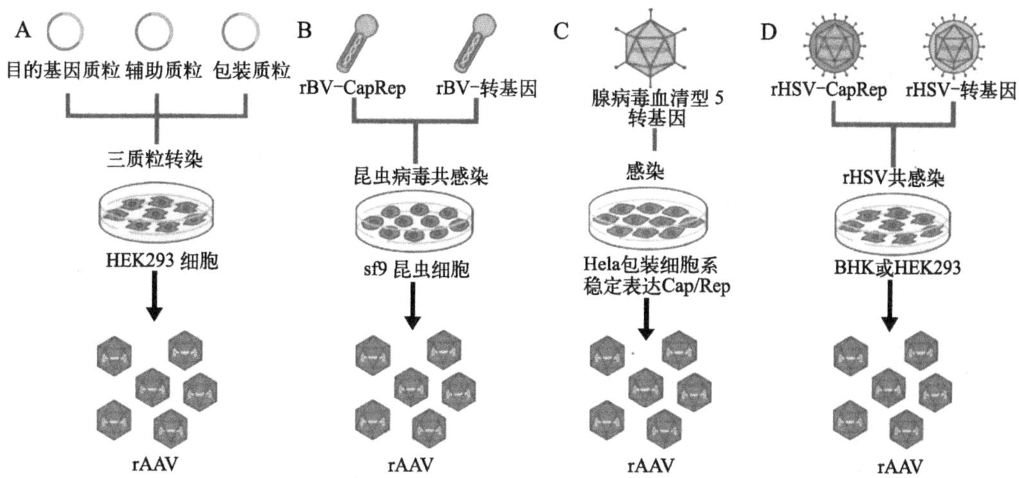

图 9-3 4 种主要制备 rAAV 的生产方法

本章内容以三质粒转染 HEK293 细胞生产 rAAV 为例，介绍 rAAV 培养、纯化及滴度检测，为从事基因治疗相关研究的人员提供技术指导。

第一节
rAAV 的培养与纯化

随着 CRISPR-Cas 技术的不断发展，基因治疗的高精度和高效性大幅提高了治疗成功率，使传统方法难以治愈的遗传性疾病，如血友病、囊性纤维化、镰状红细胞病等，及高龄化伴随的老年性疾病如癌症、帕金森病、骨关节炎、阿尔茨海默病、老年性黄斑变性等，在临床彻底治愈已经或将要成为现实。以 AAV 为载体的治疗是实现基因治疗的必要环节之一。

本节将描述目的基因 AAV 载体构建，重组载体的转染，rAAV 培养及纯化过程，使学生掌握 rAAV 培养、分离纯化的原理和基本操作，培养学生严谨的科学思维和实验操作技能，提高对基因治疗的认识，并为将来从事生物医药领域相关研究打下良好的基础。

一、实验目的

通过学习三质粒转染 HEK293T 细胞，进行培养、分离纯化 rAAV，掌握人类疾病基因治疗载体制备的基本原理和方法。

二、实验原理

rAAV 是目前常用的基因治疗的载体之一，被广泛用于基础研究和临床药物开发。实验室级别主要通过无辅助 HEK293 细胞系统（包括 HEK293 贴壁和悬浮细胞系），基于聚乙烯亚胺（PEI）介导的三重转染、培养，然后用碘克沙醇密度梯度介质，进行密度梯度离心，可以高效进行 rAAV 分离纯化。

三、材料、试剂与仪器

1. 实验材料

HEK293 细胞（人胚胎肾细胞 293，含 AAV5，低代，即小于 30 代）、AAV 辅助质粒 pHelper、病毒复制包装质粒 pAAV2-GSKrepcap、含 *GFP* 基因表达质粒 pTRs-ks-CBh-E*GFP*。

2. 试剂

DMEM 培养基、100×1%双抗（工作浓度青霉素 0.1U＋链霉素 0.1mg/mL）、胎牛血清（FBS）、0.6g/mL 碘克沙醇溶液、PEG-8000、胰蛋白酶-EDTA 消化液（0.05%胰蛋白酶，0.02% EDTA，含酚红）、PEI MAX（聚乙烯亚胺盐酸盐高效转染试剂，分子量 40000）、核酸酶、NaCl 及 0.25g/mL 脱氧胆酸钠水溶液。

乳酸林格液（LR）：9g NaCl、0.12g KCl、0.24g $CaCl_2$、0.2g $NaHCO_3$，溶于 800mL 去离子水，混匀，定容至 1L，121℃灭菌备用。

HEK293 培养基：含有 10%FBS 和 1%双抗的 DMEM 培养基，无菌条件下配制。

AAV 裂解缓冲液：150mmol/L NaCl、50mmol/L Tris-HCl（pH 8.5）和 2mmol/L $MgCl_2$。

10×PBS-MK 溶液：1.37mol/L NaCl 溶液、80mmol/L Na_2HPO_3、20mmol/L KH_2PO_3、10mmol/L $MgCl_2$、25mmol/L KCl。

15% 碘克沙醇：25mL 的 60%碘克沙醇、75mL 1×PBS-MK 溶液和 5.8g NaCl，混匀。

25% 碘克沙醇：41.7mL 的 60%碘克沙醇、58.3mL 1×PBS-MK 的溶液，混匀。

40% 碘克沙醇：66.7mL 的 60%碘克沙醇、33.3mL 1×PBS-MK 的溶液。

0.6g/mL 碘克沙醇为购买原 0.6g/mL 碘克沙醇溶液。

3. 实验仪器

1.5mL、50mL 和 250mL 离心管，50kDa 超滤浓缩离心管（浓缩柱）、毛细移液管、5mL 注射器、注射器过滤器 0.22mm、无菌 15mm 细胞培养皿、细胞刮刀、5%CO_2 细胞培养箱、大容量离心机（1L）、蠕动泵、超速离心机。

四、实验步骤

1. 用 HEK293 细胞生产 rAAV

① 培养 1 个平皿的 HEK293，达到 80%～90%汇合。

② 将胰蛋白酶-EDTA 消化液和 HEK293 培养基混合，温浴至 37℃。

③ 吸出培养皿中原培养基，加入 6mL 胰蛋白酶-EDTA 消化液，37℃、5%CO_2 培养箱中孵育 6～8min。

④ 加入 4mL HEK293 培养基，移液枪轻轻吹打 5～10 次，将细胞分散成单细胞悬液。

⑤ 将细胞悬浮液转移至 50mL 离心管，4℃下、300g 离心 5min。

⑥ 弃上清液，加入 30mL 温育的 HEK293 培养基，重新悬浮。

⑦ 加入 HEK293 培养基，使其浓度至 7×10^5 个细胞/mL（血细胞计数器计数）。

⑧ 在培养皿加入 20mL HEK293 培养基，接种 20mL 细胞悬液（1.4×10^7 个细胞），培养 24h。按此方法将 HEK293 细胞扩增到 10 个培养皿进行培养。

⑨ 当细胞密度达 75%时，以 3 种质粒（pHelper，pAAV2-GSKRepCap，含 GFP 基因表达质粒 pTRs-ks-CBh-EGFP）等物质的量比转染 HEK293 细胞。

⑩ 对于每一个培养皿的转染，在一个 50mL 离心管中，将等物质的量的 pHelper、pAAV2 GSKrepcap 与 pTRs-ks-CBh-EGFP 总计 30μg 质粒加入 DMEM 培养基并混匀，使其总体积为 750μL。将 PEI-MAX 原液稀释到 750μL 的 DMEM 培养基中，漩涡混合后按顺时针方向加入前一个含有 DNA 的离心管中，边加边旋转。再涡旋混合，37℃静置 10min，使用前重新混悬。

⑪ 10 个 HEK293 培养皿中各加上述 1.5mL 混悬液，注意不要扰动细胞。

⑫ 轻轻摇动培养皿，置于细胞培养箱中孵育 4～6h。

⑬ 取出培养皿中转染复合物，并加入 20mL 新鲜 HEK293 培养基，继续转染 72h，用于后续 rAAV 分离纯化（荧光显微观察转染率近 75%）。

关于上述⑨中双链 DNA 质粒物质的量和质量关系的计算如下：

dsDNA 物质的量(mol)＝dsDNA 质量(g)/[dsDNA 长度(bp)×617.96g/mol＋36.04g/mol]

举例，dsDNA 质量为 60μg，dsDNA 长度（bp）为 26kb，代入上式，则：

dsDNA 物质的量＝0.060mg/(26000×617.69g/mol＋36.04g/mol)＝3.734pmol

其中，617.96 是碱基对的平均摩尔质量，不含水分子；36.04 是 2 个 OH 和 2 个 H 加回末端摩尔质量。

同样，若 dsDNA 物质的量为 3.734pmol、dsDNA 长度为 11600bp，换算成 dsDNA 质量则：

dsDNA 质量＝dsDNA 物质的量×[dsDNA(bp)×617.96g/mol＋36.04g/mol]
＝3.734 pmol×(11600×617.96g/mol＋36.04g/mol)＝26.77μg

2. HEK293 细胞裂解与 rAAV 收集

多数 rAAV 同时存在于细胞和培养液中，因此需要从细胞及培养液中纯化病毒。

① 在安全柜中将转染的 HEK293 细胞培养皿取下盖子，取出 5mL 培养液备用。

② 用细胞刮刀刮下细胞，用移液管收集细胞，然后用备用培养液彻底清洗剩余的所

有细胞，一并转移到 250mL 离心管中，同样操作，将所有 10 个培养皿的细胞和培养液都转移到上述同一离心管中。

③ 4℃、300g 离心 10min，小心地将上清液倒入新的 250mL 离心管中，4℃储存。

④ 用 8mL AAV 裂解缓冲液重悬细胞沉淀，转移至 50mL 离心管中，置于冰上，再用 2mL AAV 裂解缓冲液洗涤 250mL 离心管，以确保收集所有细胞到 50mL 离心管中。

⑤ 将细胞悬液于－80℃冷冻，然后在 37℃的水浴中解冻以裂解细胞。重复此过程 2 次，共 3 个冻融循环，裂解物解冻后，立即放回－80℃储存，以免病毒降解。

⑥ 将 AAV 裂解物解冻置于 37℃水浴中，加入核酸酶，使其达到 50U/mL，37℃下孵育 30min，消化细胞核酸。

⑦ 以 1∶50 的比例向混合物中加入 25% 脱氧胆酸钠，上下颠倒混匀，37℃、孵育 30min。

⑧ 室温下 3000g 离心 15min，以沉淀细胞碎片。将上清液转移到清洁的 50mL 离心管中用于碘克沙醇密度梯度纯化。

3. 密度梯度离心分离纯化 rAAV

碘克沙醇具有较低的渗透压，无细胞毒性和代谢惰性，是常用的密度梯度离心介质。通过离心使得不同密度的物质富集在不同密度梯度的介质中。

① 按 15%、25%、40%和 60%浓度梯度，从低浓度开始进行碘克沙醇铺层，依次对应体积为 11mL、11mL、10mL 和 10mL（图 9-4）。

② 用血清移液管小心地将收集到的 rAAV 上清液冲液填充超速离心管顶部，并确保没有空气残留，盖好管盖，置于超速离心机中在 18℃、690000g 离心 1h。

③ 离心结束后，小心取下离心管，用金属环支架和夹子将其固定。用 18 G 针头 5mL 注射器，将针头穿过离心管 40%～60%界面下方 2～3mm 处缓慢吸出 3～4mL 液体，吸出大部分包装好的 rAAV 颗粒。

④ 加入 2 倍体积 LR 溶液稀释并储存在冰上，重复上述步骤，并重新密度梯度离心一次，尽量去除细胞碎片。若血清型不易沉淀或滴度较低（低于 $10^{12}\mu g/mL$），则一次密度梯度离心后需要进行缓冲液交换和 rAAV 浓缩。

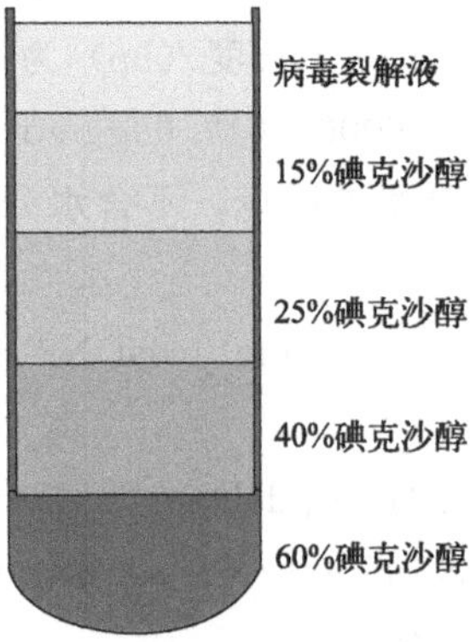

图 9-4 碘克沙醇梯度离心 rAAV 制剂

4. 缓冲液交换及 rAAV 浓缩

① 用 10mL LR 溶液平衡浓缩柱，并在 4℃、2000g 离心，直到所有液体通过滤膜。

② 丢弃过滤膜溶液，加入密度梯度离心所得 rAAV 样品。

③ 4℃、2000g 离心 10min，丢弃过滤膜溶液。重复操作，直至所有密度梯度离心 rAAV 样品都加载到浓缩柱上。每次浓缩柱顶部至少残留 1～2mL，以免病毒过度浓缩发生沉淀。

④ 加 LR 溶液清洗，4℃、2000g 离心 10min，丢弃流穿液。确保液位始终保持在 1～2mL。重复操作，直至 50mL LR 溶液用尽。

⑤ 最终体积浓缩至 0.5mL，或根据 AAV 血清型和预期滴度浓缩至 0.25mL。

⑥ 用移液管将 rAAV 从浓缩柱转入微量离心管中，用 100μL LR 溶液清洗黏附在浓缩柱壁上的 rAAV，一并转入微量离心管中，－80℃储存。也可单独保存几份 20μL 试样用于病毒滴定。

⑦ 长期储存或在研究动物模型使用之前，通过 0.22μm 过滤器对 rAAV 制剂进行过滤除菌。

5. SDS-PAGE 检测分析 rAAV 病毒衣壳蛋白

SDS-PAGE 方法参照第四章第二节。

五、结果与问题分析

SDS-PAGE 检测 rAAV 衣壳蛋白的组成和完整性。衣壳蛋白包括 VP1、VP2 和 VP3，其分子质量分别为 87kDa、72kDa 和 62kDa，若出现其他条带，表明存在杂质（图 9-5）。

若纯化后的 rAAV 病毒直接感染细胞，2d 后荧光显微镜下可以观察到 GFP 荧光蛋白的表达（图 9-6）。

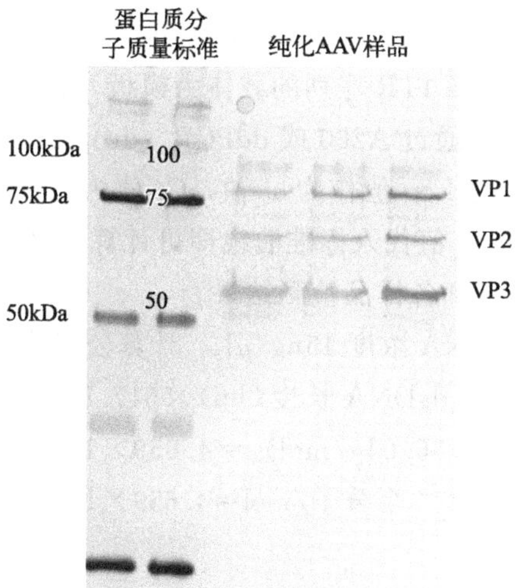

图 9-5 SDS-PAGE 分离衣壳蛋白

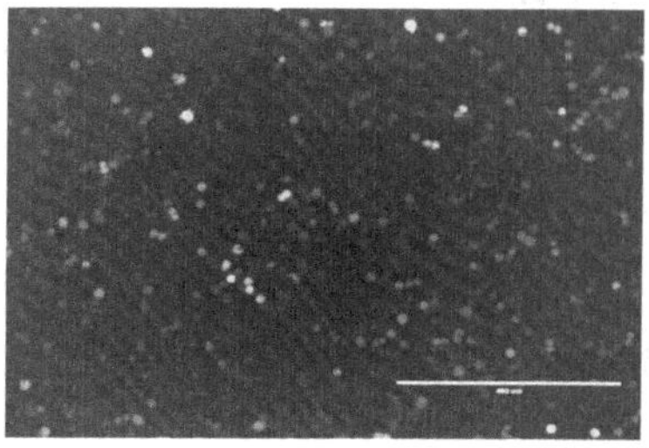

图 9-6 纯化后的 rAAV 感染 K562 细胞
（标尺 400μmol/L）

六、注意事项

① 进行 rAAV 病毒纯化通常在转染后 48～72h 收获病毒颗粒，具体时间需根据目的基因的表达情况调整，优化时间参数。

② 细胞裂解与病毒释放条件需要优化，确保病毒颗粒充分释放，裂解过程中避免使用强酸或强碱，防止病毒颗粒降解。

③ 密度梯度离心 40%组分的顶部主要含有空的 AAV 颗粒、细胞蛋白和脱氧胆酸盐，勿吸出。

七、思考题

① 碘克沙醇密度梯度离心时，为什么按顺序进行铺层需要从低浓度开始铺层？

② rAAV 病毒纯化后的纯度检测，除了 SDS-PAGE 检测外，还有哪些方法？

第二节 rAAV 基因组滴度检测

rAAV 基因组滴度是衡量 rAAV 载体中有效基因组拷贝数的关键指标，其检测可以确定基因治疗产品中有效基因载体量，是确保临床试验和实际治疗中给药剂量的准确性和一致性的重要保障，是基因治疗药物质量控制的重要环节。

一、实验目的

掌握利用 qPCR 定量检测 rAAV 基因组滴度的方法。

二、实验原理

利用 DNase Ⅰ消化病毒外游离 DNA，再利用 qPCR 探针法对质粒标准品及样品进行 qPCR 测定，质粒标准品以包含目的基因序列或者病毒 ITR 序列的载体为模板，扩增引物及探针引物针对目的基因序列设计。质粒标准品一般通过 A260 或 ddPCR（droplet digital PCR）法标定浓度，检测结果以质粒标准品拷贝数的 Log 值作为 x 轴，Ct 值为 y 轴，线性拟合回归直线方程得到标准曲线，将供试样品的 Ct 值代入标准曲线即可计算出拷贝数，获得标准品的扩增效率、相关系数（R^2），并计算得到各样品检测结果。

例如，对于 5210 bp 的质粒大小和线性化质粒 DNA 浓度 15ng/μL，计算公式为：

dsDNA 的物质的量(mol)＝dsDNA 的质量(g)/[dsDNA 长度(bp)×617.96g/mol＋36.04g/mol] ＝15×10^{-9}g/(5210bp×617.96g/mol＋36.04g/mol) ＝4.659×10^{-15}mol

1μL DNA 拷贝数＝dsDNA 的物质的量×6.022×10^{23} 个分子/mol＝4.659×10^{-15}mol×6.022×10^{23} 个分子/mol＝2.806×10^{9}

三、材料、试剂与仪器

1. 实验试剂

2×SYBR Green Ⅰ Master Mix、DNase Ⅰ缓冲液、10×裂解缓冲液、0.5mol/L EDTA。

ITR-特异性正向引物：5′AAC ATG CTA CGC AGA GAG GGA GTG G3′。

ITR-特异性反向引物：5′CAT GAG ACA AGG AAC CCC TAG TGA TGG AG3′。

10ng/μL DNA 质粒标准品，无核酶水。

DNase Ⅰ溶液配制：按表 9-1 在冰上制备。包括 AAV 标准品，每个样品需要 90μL DNase 溶液，需要额外多制备 10 个样品用量备用（如 96 个样品需要制备 106 个样品的 DNase 溶液用量）。将配制好的蛋白酶 K 溶液置于冰上备用。

表 9-1　DNase Ⅰ溶液配制

试剂	1 个样品	106 个样品
DNase I 缓冲液	89.1μL	9444.6μL
DNase Ⅰ(10mg/mL)	0.9μL	95.4μL
总体积	90μL	9540μL

蛋白酶 K 溶液配制：按表 9-2 在冰上制备。包括 AAV 标准品，每个样品需要 120μL 蛋白酶 K 溶液，另需 10 个样品的备用量。将配制好的蛋白酶 K 溶液置于冰上备用。

表 9-2　蛋白酶 K 溶液配制

组分	1 个体系/μL
10×细胞裂解液	1.8
蛋白酶 K	0.2

qPCR 预混液配制：将 1.5mL 反应管放置在冰上，依次按表 9-3 加入各物质，上下颠倒混合，短暂离心。若进行 96 个反应，需要配制 100 个反应的预混液。

注意：荧光定量试剂 SYBR Green Ⅰ Master 需要避光！

表 9-3　qPCR 预混液配制

试剂	1 个反应用量/μL	96 孔需要配制量/μL
2×SYBR Green Ⅰ Master Mix	5	500
ITR-正向引物(20μmol/L)	0.25	25
ITR-反向引物(20μmol/L)	0.25	25
无核酶水	2.5	250
总体积	8	800

2. 实验仪器

低速 PCR 微孔板离心机、qPCR 仪。

四、实验步骤

1. 纯化 rAAV 以释放 DNA

① 待测 rAAV（本章第一节分离纯化的 rAAV）和 AAV 标准品，在 96 孔板中设置 3 个复孔，每板中包括 AAV 标准品在内可处理总共 32 个样品。在每个孔中加入 10μL 样品。

② 每孔加入 90μL DNase Ⅰ溶液，封板膜密封 96 孔板。

③ 置于 96 孔板离心机中，以 300g 离心 30s。

④ 将 96 孔板放入 qPCR 仪中，37℃ 60min，然后保持 4℃。

⑤ 取出 96 孔板，每个孔中加入 6μL 的 0.5mol/L EDTA 溶液。

⑥ 120μL 蛋白酶 K 溶液再加到 96 孔板的每个孔中。每孔总体积则为 10＋90＋6＋

120＝226μL。

2. 稀释 rAAV 测试样品

① 取新的 96 孔板，每孔加入 198μL 超纯水，然后加入 2μL AAV 标准品和待测 rAAV 样品进行 100 倍稀释，上下吹打混合。

② 重新取一个新的 96 孔板继续对上述样品进行稀释。90μL 超纯水加入 96 孔板每个板孔中，各孔再加入 10μL 上述稀释 100 倍的样品，上下吹打进行混合。

3. 制备 rAAV 标准曲线浓度梯度

① 将 AAV 标准品稀释 10 倍：90μL 超纯水加入 10μL 的 AAV 标准品，混匀。每个样品设 3 个重复，然后继续以下系列稀释，每次重新更换枪头。

② 10 倍稀释的 AAV 标准品 10μL，加入 40μL 超纯水，吹打混合，得到再稀释 5 倍的 AAV 标准品，再按同样方法连续稀释 6 次。

4. qPCR 多孔板上样

① 将 qPCR 预混液加入 96 孔板的孔中，每孔加入 8μL 预混液。

② 将 2μL 预先稀释 100 倍和 1000 倍的 rAAV 样品，连续稀释 AAV 标准品和无模板对照添加到相应的位置，用密封膜密封 96 孔板。

③ 将上述密封 96 孔板以 300*g* 离心 2min。若孔中有气泡，则重复离心。

5. qPCR 反应

① 将上述密封 96 孔板置于 qPCR 仪，按照表 9-4 设置 qPCR 反应条件，点击“开始”运行实验。

表 9-4　qPCR 反应条件

程序	温度	时间	循环数
预变性	95℃	10min	1
变性	95℃	15s	40
退火/延伸	60℃	1min	

② 实验结束后，关闭仪器，分析整理数据。

五、结果与问题分析

用仪器分析软件对实验结果进行分析，以拷贝数的 log 值作为 x 轴，Ct 值为 y 轴，线性拟合回归直线方程得到标准曲线。标准曲线拟合方程如下：$Y=AX+B$。其中，Y 为 Ct 值；X 为拷贝数的 log 值；A 为标准曲线斜率；B 为常数。将质控品和供试品的 Ct 值代入标准曲线即可计算出拷贝数，获得标准品的扩增效率、线性（R^2），并计算得到各样品的检测结果。

六、注意事项

① 样本质量：确保 rAAV 病毒基因组 DNA 样本提取的完整性和纯度，同时需要避免基因组提取过程中以及 qPCR 操作过程中的环境污染。

② qPCR 操作过程中戴手套操作，避免样本污染，加样时避免产生气泡，配制反应体系时在冰上进行以减少引物降解。

③ 实验过程使用带滤芯的枪头，避免气溶胶污染，并在超净工作台内配制反应体系。

七、思考题

① qPCR 方法检测 AAV 病毒滴度前，为什么需要预先用 DNase Ⅰ 与蛋白酶 K 消化纯化的 rAAV 病毒颗粒？

② qPCR 方法检测 AAV 病毒滴度时，AAV 标准品如何制备？

参考文献

［1］ 陈驰. Fe_3O_4@Al^{3+} 对 DNA 分离提取及其应用研究［D］. 北京：北京化工大学，2022.

［2］ 纪圆圆，高华峰，董玲玉，等. ZnS 量子点荧光分光光度法检测牛血清白蛋白含量的研究［J］. 北京化工大学学报（自然科学版），2016，43(5)：69-73.

［3］ 刘长霞，罗施中. 分子生物学实验技术［M］. 北京：化学工业出版社，2018.

［4］ 刘锋，江涛，任素梅. 熊果苷合成研究进展［J］. 日用化学工业，2004，34(4)：242-244.

［5］ 盛浩原，苑金磊，刘长霞. 动态反应釜制备超顺磁性 Fe_3O_4 粒子及其 DNA 提取［J］. 北京化工大学学报（自然科学版），2019，46(6)：45-50.

［6］ 余瑞元，袁明秀，陈丽蓉，等. 生物化学实验原理和方法［M］. 2 版. 北京：北京大学出版社，2012.

［7］ 钟宏星，张晶，陆剑华，等. 3 种油脂酸价测定方法的比较［J］. 食品安全质量检测学报，2019，10(10)：3197-3201.

［8］ 周先碗，胡晓倩 . 生化仪器分析与实验技术［M］. 北京：化学工业出版社，2003.

［9］ BABADI A A，RAHMATI S，FAKHLAEI R，et al. Emerging technologies for biodiesel production：Processes，challenges，and opportunities［J］. Biomass and Bioenergy，2022，163：106521.

［10］ BALCAO V M，VILA M M D C. Structural and functional stabilization of protein entities：state-of-the-art［J］. Advanced Drug Delivery Reviews，2015，93：25-41.

［11］ BARTLETT G J，PORTER C T，BORKAKOTI N，et al. Analysis of catalytic residues in enzyme active sites［J］. Journal of Molecular Biology，2002，324(1)：105-121.

［12］ BASHIR M A，WU S，ZHU J，et al. Recent development of advanced processing technologies for biodiesel production：a critical review［J］. Fuel Processing Technology，2022，227：107120.

［13］ CHEN Y H，KEISER M S，DAVIDSON B L. Adeno-associated virus production，purification，and titering［J］. Current Protocols in Mouse Biology，2018，8(4)：e56.

［14］ CROSSON S M，DIB P，ZOLOTUKHIN S，et al. Helper-free production of laboratory grade AAV and purification by iodixanol density gradient centrifugation［J］. Molecular Therapy-Methods and Clinical Development，2018，8(10)：1-7.

［15］ JIMENEZ-ROSALES A，FLORES-MERINO M V. Tailoring proteins to re-evolve nature：a short review［J］. Molecular Biotechnology，2018，60(12)：946-974.

［16］ KIMURA T，FERRAN B，BACHSCHMID M M，et al. Production of adeno-associated virus vectors for *in vitro and in vivo* applications［J］. Scientific Reports，2019，9(1)：13601.

［17］ KINGSLEY L J，LILL M A. Substrate tunnels in enzymes：Structure-function relationships and computational methodology［J］. Proteins：Structure，Function，and Bioinformatics，2015，83(4)：599-611.

［18］ LI Z，CAI L，CAI M. Studies on glycoside. X. an alternate method for hingly stereoselective synthesis of alkyl-β-glucopyranosides［J］. Synthetic Communications，1992，22(14)：2121-2124.

［19］ LIU C，YANG Y，GAO H，et al. Preparation and enzymatic activity of Fe_3O_4-IDA-Ni/NAD kinase magnetic catalyst［J］. Korean Journal of Chemical Engineering，2020，37：475-481.

［20］ MAEDA K，FUKUDA M. Arbutin：mechanism of its depigmenting action in human melanocyte culture [J]. Journal of Pharmacology and Experimental Therapentics, 1996, 276(2): 765-769.

[21] McCLURE C, COLE K L, WULFF P, et al. Production and titering of recombinant adeno-associated viral vectors [J]. Journal of Visualized Experiments, 2011, 27(57): e3348.

[22] NAKAJIMA M, SHINODA I, FUKUWATARI T. Arbutin increases the pigmentation of cultured human melanocytes through mechanisms other than the induction of tyrosinase activity [J]. Pigment Cell Research, 1998, 11(1): 12-17.

[23] NASERI G, KOFFAS M A G. Application of combinatorial optimization strategies in synthetic biology [J]. Nature Communications, 2020, 11(1): 2446.

[24] OUZOUNIS C A, COULSON R M R, ENRIGHT A J, et al. Classification schemes for protein structure and function [J]. Nature Reviews Genetics, 2003, 4(7): 508-519.

[25] SHEN X, ZHOU D, LIN Y, et al. Structural insights into catalytic versatility of the flavin-dependent hydroxylase (HpaB) from *Escherichia coli* [J]. Scientific Reports, 2019, 9(1): 7087.

[26] SU Q, SENA-ESTEVES M, GAO G. Production of recombinant adeno-associated viruses (rAAVs) by transient transfection [J]. Cold Spring Harbor Protocol, 2020, 2020(2): 095596.

[27] WADA M, UCHIDA N, POSADAS-HERRERA G, et al. Large-scale purification of functional AAV particles packaging the full genome using short-term ultracentrifugation with a zonal rotor [J]. Gene Therapy, 2023, 30(7-8): 641-648.

[28] WANG J, JAIN R, SHEN X, et al. Rational engineering of diol dehydratase enables 1,4-butanediol biosynthesis from xylose [J]. Metabolic Engineering, 2017, 40: 148-156.

[29] WILSON K, WALKER J. Principles and techniques of biochemistry and molecular biology [M]. 7th edition. Cambridge: Cambridge University Press, 2010.

[30] XIE C, AN N, ZHOU L, et al. Establishing a coumarin production platform by protein and metabolic engineering [J]. Metabolic Engineering, 2024, 86: 89-98.

[31] ZHANG Q, ZHONG Z, LIU C at al. Biodiesel production using lipase immobilized on epoxychloropropane-modified Fe_3O_4 sub-microspheres [J]. Colloids and Surfaces B: Biointerfaces, 2016, 140: 446-451.

附录

附录 I
实验报告撰写方法

实验报告应根据实验步骤和真实结果撰写。除少部分引用的参考文献外，其他部分必须是实事求是的实验结果与过程的记录。每位学习者都要撰写自己的实验报告，用计算机软件对实验照片、谱图等进行处理。实验报告的撰写格式可参考正式发表的科技期刊论文（中文核心或 SCI 外文期刊论文）。一般包括以下几个部分。

一、实验目的

简明扼要地概括实验目的。明确实验的主要目的，阐述进行实验的理由及预期的实验结果。

二、实验原理

写清楚实验的基本理论及原理等，提供实验设计的理论依据。必要时查阅文献进行归纳总结，并标注文献出处。

三、实验材料及仪器

① 列出实验中所用的材料和化学试剂。

② 列出实验所使用的主要仪器、设备，并标出其型号。

四、实验步骤及注意事项

① 写清楚实验方法、操作的具体流程，详细记录实验过程，实验结果具有可重复性。实事求是地记录实验结果，待任课教师在实验结果记录纸上签字后方可离开实验室，该记录纸附在后续的实验报告中。

② 写出实验步骤或仪器操作需要注意的事项，实验过程中容易忽略却影响实验结果的问题及实验安全问题。

五、结果与讨论

实验数据经过综合整理做成图、表，使实验结果一目了然。对实验结果如实分析、讨论，总结出规律性认识。若实验结果与预期结果或事实不符，应仔细分析原因。

表格建议用三线表，表的标题在表的上方。使用绘图软件作图，并将标题和标注说明写在图下方。注意数字与单位符号（%除外）之间有 1 个半角空格。

六、思考题

应认真、全面作答作业思考题，可以查阅资料丰富内容。

七、参考文献

报告中若引用参考文献，正文要标明出处，并列到实验报告末尾。参考文献格式遵循国家标准。

八、其他注意事项

实验报告中出现的学名（拉丁文）都用斜体；撰写中文报告时使用中文名词，一些方便而常用的缩写直接用英文即可。

附录Ⅱ
生物化学实验室常规仪器的使用方法

一、分析天平

（一）使用操作规程

1. 准备工作

将分析天平放置在平稳、无震动的工作台上，避免阳光直射和气流干扰。

检查天平是否处于水平状态，可通过调节天平底部的水平调节脚使天平水平仪中的气泡位于中心位置。接通电源，打开天平开关，预热 30min 以上，使天平达到稳定的工作状态。

2. 校准

按动校准键，根据天平的提示，将标准砝码放在天平秤盘上，进行校准操作。校准过程中，不要触碰天平或周围物体，以免影响校准结果。校准完成后，取出标准砝码，天平归零。

3. 称量

将要称量的物体放在天平秤盘中央。如果是粉末状或液体样品，应使用合适的容器盛装后再进行称量。关闭天平门，等待天平稳定后读取称量结果。读数时应保持视线与显示屏垂直，避免视差。如需进行多次称量，可使用去皮功能，将容器的质量扣除，直接得到样品的净质量。具体操作：先将空容器放在秤盘上，待天平稳定后按“去皮”键，天平显示为零，再向容器中加入样品进行称量，此时显示的质量即为样品的净质量。

4. 结束工作

称量完毕后，取出称量物，关闭天平门。关闭天平电源，拔掉插头。清理天平秤盘和周围环境，保持天平清洁。

（二）注意事项

1. 环境要求

分析天平应放置在温度和湿度相对稳定的环境中，理想的温度范围为 20～25℃，相对湿度在 40％～60％。温度和湿度的剧烈变化会影响天平的准确性。

避免将天平放置在靠近热源、水源或通风口的地方，防止温度波动、水汽侵蚀和气流干扰。

2. 样品要求

被称量的样品应在天平的称量范围内，不可超过天平的最大称量值。例如，最大称量为 200g 的分析天平，不能用来称量 250g 的物体，否则会损坏天平的传感器。

样品应保持干燥、清洁，避免带有磁性、腐蚀性或挥发性物质。对于具有腐蚀性或挥发性的样品，应使用密封容器进行称量，防止样品对天平造成腐蚀或污染。

3. 操作规范

操作天平时动作要轻缓，避免震动和碰撞。在放置或取出称量物时，应使用镊子或戴手套，防止人体的汗液、油脂等污染样品或天平秤盘。

不要在天平上称量过热或过冷的物体。过热的物体会使天平内部空气膨胀，产生浮力，导致称量结果不准确；过冷的物体则容易在表面凝结水汽，影响称量。应将物体放置至室温后再进行称量。

称量过程中不要开启天平门，以免气流影响称量结果的稳定性。如需添加或取出样品，应先关闭天平门，待天平稳定后再进行操作。

4. 维护保养

定期清洁天平的秤盘、防风罩和内部部件。可用软毛刷轻轻刷去灰尘，再用干净的软布擦拭。对于顽固污渍，可使用少量中性清洁剂擦拭，但要避免清洁剂流入天平内部。

定期对天平进行校准和维护，一般每年至少校准一次。如果天平使用频繁或对称量精度要求较高，可适当增加校准次数。如发现天平出现故障或称量不准确，应及时联系专业维修人员进行检修，不可自行拆卸或修理天平。

二、移液枪

（一）使用操作规程

1. 选择合适的移液枪（或称移液器）

根据需要移取的液体体积，选择相应量程的移液枪，确保移液枪的量程准确满足实验要求。例如，需要移取 1～10μL 体积范围内的液体，则选择量程为 1～10μL 的移液枪。

2. 装枪头（或称吸头）

将移液枪垂直插入吸头，左右微微转动，插紧；勿用力撞击移液枪，防止内部零部件因强烈撞击而松动，甚至导致调节刻度的旋钮卡住。

3. 设定容量

调节量程时，缓慢旋转调节旋钮，避免过快或过度调节，以防损坏内部机械结构；量程的设定要在移液枪的允许范围内，不可超量程使用，否则会导致移液不准确甚至损坏移液枪。

4. 移取方法

垂直吸液，枪头尖端需浸入液面2～4mm；枪头预润湿2～3次，吸头内壁吸附一层液体，使表面吸附达到饱和，然后再吸入样液，最后打出液体的体积才会很精确，改用不同种类或浓度的液体时要更换枪头。

① 正向吸液（一般液体）：按至一挡，缓慢均匀地松开操作杆，待吸头吸入溶液后静置2～3s，并斜贴在容器壁上淌走吸头外壁多余的液体；排出时将吸嘴口贴到容器内壁并保持10°～40°倾斜，平稳地把按钮压到一挡，停约1s后压至二档，排出剩余液体。

② 反相吸液（黏稠液体和易挥发液体）：先按下按钮至第二档，慢慢松开操作杆回原点，排出时将操作杆按至一挡，多等1～2s，按弹射器除去枪头。

5. 复位与保存

使用完毕调至最大量程，垂直放置移液枪于移液枪架上，实验结束或较长时间不用时，将刻度调至最大量程，让弹簧恢复原形，延长移液器的使用寿命。

（二）注意事项

① 移液枪应避免在高温、高湿度或有腐蚀性气体的环境中使用和存放，以免影响其性能和使用寿命。

② 不可用移液枪吸取具有强腐蚀性、强氧化性或放射性的液体，如需使用，需选择专门的耐腐蚀移液枪。

③ 操作过程中要保持手部稳定，避免移液枪受到碰撞或振动，以免影响移液精度。

④ 使用完毕后，应及时取下枪头，用去离子水或75%酒精擦拭移液枪的枪身和尖端，去除残留的液体和杂质。

⑤ 定期对移液枪进行校准和维护，可使用标准砝码或专业的校准设备进行校准，确保移液枪的准确性。一般每半年或一年校准一次，具体可根据使用频率和精度要求而定。

⑥ 长时间不使用时，应将移液枪调至最大量程，悬挂或平放在专用的支架上，避免弹簧长期受压而变形。

三、紫外-可见分光光度计

（一）使用操作规程

1. 开机预热

仪器在使用前需预热30min。

2. 波长调整

转动波长旋钮，并观察波长显示窗，调整至需要的测试波长。转动测试波长调至100% T/0 A后，稳定5min后进行测试（符合行业标准及质监局检定规程要求）。

3. 设置测试模式

按“功能键”，便可切换测试模式。相应的测试模式在A（吸光度）、T（透射率）、C（浓度）、F（斜率）4个模式下切换，开机默认的测试方式为吸光度模式（见附图1）。

4. 结果打印

在得到测试结果后按“打印”键便可打印结果（需外接标准串行打印机）。

5. 光源切换

仪器在紫外区和可见区使用不同的光源，需要拨动光源切换杆来手动切换光源。建议

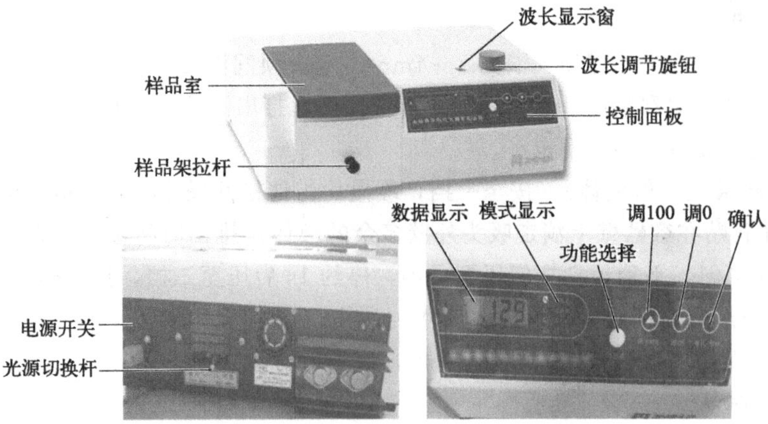

附图 1　紫外-可见分光光度计外观照片

的光源切换波长为 340nm，即 200～339nm 使用氘灯，340～1000nm 使用卤钨灯，光源选择不正确，或光源切换杆不到位，将直接影响检测结果。

6. 比色皿配对性

仪器所附比色皿是经过配对测试的（其配对误差不大于 0.5%T），未经配对处理的比色皿将影响样品的测试精度。石英比色皿一套 2 只，供紫外光谱区和可见光谱区使用（200～1100nm），玻璃比色皿一套 4 只，供可见光谱区使用（320～1100nm）。比色皿有方向性，置入样品架时，石英比色皿上标记 Q 或箭头，玻璃比色皿上标记 G，方向要一致。手持比色皿应握比色皿的磨砂表面，勿接触透光面，即透光面不能有手印或溶液痕迹，待测溶液中不能有气泡、悬浮物，否则将影响样品的测试精度，使用完毕后应立即清洗干净。

7. 调 T 零（0%T）

在 T 模式时，将遮光体置于样品架，合上样品室盖，并拉动样品架拉杆使其进入光路。然后按动“调 0%T”键，显示器上显示“000.0”或“－000.0”，便完成调 T 零。完成调 T 零后，取出遮光体。调 T 零时不要打开样品室盖、推拉样品架。调 T 零后（未取出遮光体），如切换至吸光度测试模式，显示器上显示为“3.000”；如直接在吸光度（A）模式调 T 零，在置入遮光体后不管显示器上是否显示“3.000”，均需按动“调 0%T”键。

8. 调 100%T/0A

将参比（空白）样品置入样品架，并推拉样品架拉杆使其进入光路，然后按动“调 100%T”键，此时屏幕显示“BL”，延时数秒便显示“100.0” （在 T 模式时）或“－0.000”“0.000”（在 A 模式时），即自动完成调 100%T/0A。调 100%T/0A 时不要打开样品室盖、推拉样品架。

9. 吸光度测试

按动“功能键”，切换至透射比测试模式，调整测试波长。置入遮光体，合上样品室盖，并使其进入光路，按动“调 0% T”键调 T 零，此时仪器显示“000.0”或“－000.0”。完成调 T 零后，取出遮光体。按动“功能键”，切换至吸光度测试模式。置入参比（空白）样品，按动“调 100%T”键，此时仪器显示“BL”，延时数秒后便显示

“000.0”或“—000.0”，置入待测样品，读取测试数据。

10. 透射比测试

按动“功能键”，切换至透射比测试模式，调整测试波长，置入遮光体，合上样品室盖，并使其进入光路，按动“调 0% T”键调 T 零，此时仪器显示“000.0”或“—000.0”。完成调 T 零后，取出遮光体。置入参比（空白）样品，按动“调 100%T”键，此时仪器显示“BL”，延时数秒后，便显示“100.0”，置入待测样品，读取测试数据。

11. 浓度方式测试

按动“功能键”，切换到透射比测试模式，调整测试波长。置入遮光体，合上样品室盖，并使其进入光路，按动“调 0% T”键调 T 零，此时仪器显示“000.0”或“—000.0”。完成调 T 零后，取出遮光体。置入参比（空白）样品，按动“调 100.0%T”键，此时仪器显示“BL”，延时数秒后便显示“100.0”。置入标准浓度样品并使其进入光路。按动“功能键”切换到浓度测试模式。按动参数设置键（“▲”或“▼”），设置标准样品浓度，并按动“确认”键。置入待测样品，读取测试数据。

12. 斜率方式测试

按动“功能键”，切换至透射比测试模式，调整测试波长。置入遮光体，合上样品室盖，并使其进入光路，按动“调 0% T”键调 T 零，此时仪器显示“000.0”或“—000.0”。完成调 T 零后，取出遮光体。置入参比（空白）样品，按动“调 100.0%T”键，此时仪器显示“BL”，延时数秒后便显示“100.0”。按动“功能键”切换至斜率测试模式。按动参数设置键（“▲”或“▼”），设置样品斜率。置入待测样品，并按动“确认”键（此时测试模式自动切换至浓度方式），读取测试数据。浓度显示范围为 0～1999，即输入标样之 K 值（标样已知浓度/标样吸光度）应控制在 0～1999 范围之内。

（二）注意事项

① 使用前开盖预热 30min。

② 可见区使用玻璃比色皿，紫外区使用石英比色皿。

③ 空白溶液与供试品溶液应澄清，若浑浊则先过滤。

④ 在测定或改测其他样品时，应用待测溶液润洗比色皿 2～3 次，用干净擦镜纸擦净透光面（切忌磨损透光面）。

⑤ 测定系列浓度样品，从浓度稀者测起。

⑥ A 范围 0.2～0.8 最好，0.187～0.824 浓度的相对误差在 2%。

⑦ 使用完毕后，关闭电源。

⑧ 比色皿使用完毕洗涤后，晾干。

四、离心机

（一）使用操作规程

1. 仪器检查

① 将离心机放置在平台上，目测使之平衡，用手轻摇一下，检查离心机是否放置平稳。

② 插上电源插头，按下电源开关（电源开关在离心机右侧下部）。

③ 按“STOP”键，打开门盖，将转子轻轻放到电机轴上，拧紧螺母使转子与电机轴紧紧连接在一起（注意动作应小心轻柔，避免大幅度左右摇晃和上下拉压，以免损坏电机的柔性支承）。然后将吊杯或带有试管的适配器放在转子体上，轻轻旋转一下转子体，转子应转动灵活，吊杯（适配器）在转子上应倾斜自如，无阻滞和擦碰现象。

④ 将离心管放入转子上的吊杯（试管）内。离心管必须对称放入，管内试液必须均匀一致，以确保仪器平衡运行。

⑤ 关上门盖，注意一定要使门盖锁紧，用手检查门盖是否关紧，否则离心机不能工作。

2. 参数设置（设置面板见附图 2）

① 参数号设置：进入待机状态后，按“▲”键或“▼”键调整选择合适的参数号。注：参数组为 00～19，共 20 组参数号。

② 转速设置：进入待机状态后，按“SET”键或触屏点动屏幕“转速”区域，进入转速调整界面。再按“▲”键或“▼”键，转速变为单独红色后，可调整数值。

注意：最低转速为 100r/min，最高为设定转子的最高转速，且按每次 50r/min 递增或递减。按住“▲”键或“▼”键不动时，可连续调整。

③ 时间设置：进入待机状态后，按“SET 设置键”或触屏点动屏幕“转速”区域，进入转速调整界面。再按“▲上键”一次，再按“SET 设置键”进入时间区域调整，配合“▲上键或▼下键调整键”，可调整 min 位。时间 min 调整完毕后，按“SET 设置键”转入下一步，配合“▲上键或▼下键调整键”，可调整 h 位。

④ 温度设置：进入待机状态后，按“SET”键或触屏点动屏幕“转速”区域，再按三次“SET”键（温度设置参数变为单独红色后）进入调整界面。配合“▲”键或“▼”键调整，可调整温度设置，温度设置范围为－20～40℃（此条为冷机特有功能，常温机无此功能）。

⑤ 转子型号参数设置：进入待机状态后，连按两次“SET”键或触屏点动屏幕“转子型号”区域，进入转子型号调整界面。再按“▲”键或“▼”键调整转子型号。

⑥ 加减速设置：进入待机状态后，连按三次“SET 键”或触屏点动屏幕“加减速”区域，进入加减速调整界面。按“▼”键或触屏点动屏幕“下降图标”区域，进入减速调整界面；有 10 档减速可调，0 为最慢减速，9 为最快减速。按“▲”键或触屏点动屏幕“上升图标”区域，进入加速调整界面；有 10 档加速可调，0 为最慢加速，9 为最快加速。

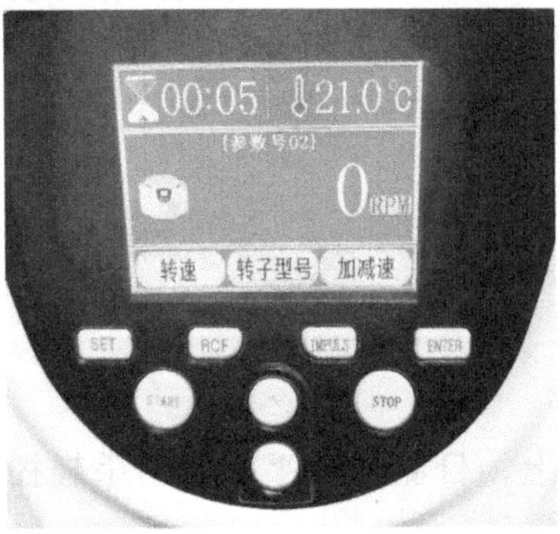

附图 2　离心机操作面板

3. 仪器运行

上述每个步骤完成后，常按“ENTER”键（约 2s）保存调整值，并退出调整状态。以上设置经核对无误后，在关好门盖的情况下，按“START”键，仪器启动，按照设定的参数运行。

4. 离心力与转速转换设置

运行过程中如要知道转子离心力大小，按“RCF”键或触屏点动屏幕“R/MIN”区域，即可转换离心力与转速。

5. 停止运行

当运行时间倒计时到“0”时，仪器将自动停止，或运行过程中也可按“STOP”键停止运转。当转速为 0 时，蜂鸣器鸣叫，并出现文字提示“运行结束可以开盖”，方可打开仪器。使用离心机点动功能时，按住“IMPULS”键不放，仪器将缓慢启动；当转速上升到仪器设定值时，将不再加速；松开“IMPULS”键开始减速，直到停止；在减速的过程中，不能再次按“IMPULS”键；若转子完全停止后，再按住“IMPULS”键，仪器将重新开始运行。

6. 开门或关门功能

在仪器停止运转的状态下，按“STOP”键或拉仪器底部拉绳打开门锁，门盖打开，并出现文字提示“运行结束正在开盖”。稍后显示门盖打开图标。将门盖关好使电子锁关闭，仪器会显示门已关闭。实验完成后，关闭电源开关，切断离心机电源。

（二）注意事项

① 勿在潮湿、高温、扬尘多的地方使用。

② 为确保安全和离心效果，仪器必须放置在坚固、防震、水平的台面上，并确保四只机脚均衡受力。

③ 离心管加液尽可能目测均匀，若加液差异过大，运转时会产生大的振动，此时应停机检查，使加液符合要求，离心试管必须成偶数对称放入。连接转子与电机轴的螺帽必须拧紧。

④ 运转过程中不得移动离心机，严禁打开门盖。

⑤ 在电机及转子未完全停止的情况下不得打开门盖。

⑥ 电源具有独立地线，严禁零线与地线共用，防止电击伤人。

⑦ 分离结束后，应及时将仪器擦拭干净，同时关闭电源开关并切断电源。

⑧ 取出转子时应十分小心，正确的方法是用非金属工具（如起子柄）伸到转子下面从多处轻轻向上敲击转子体，反复进行直至震松转子体与电机轴之间的连接。严禁松开螺帽后就直接用手硬向上拉拔，以免损坏电机的柔性支承。

⑨ 应经常检查转子及离心管是否有裂纹、老化等现象，如有，必须立即更换。

⑩ 应时常在电机轴、门盖锁钩、门盖合页处涂抹润滑脂，起到保护作用。仪器底部设有紧急开门的机械装置，在停电状态下急需取出样品时，可待转子停止旋转后拉底部不锈钢钢丝将门打开，取出样品。此装置严禁在仪器运转过程中使用。

⑪ 物质受到离心力（RCF）沉降分离，相对离心力的大小取决于试样所处的位置至轴心的水平距离即旋转半径 r 和转速 n，其计算公式如下：

$$\mathrm{RCF}=1.118\times10^{-6}n^2r$$

式中，n 为转速，r/min；r 为离心半径，cm。

混合液中粒子分离、沉淀所需的时间 T_s 由下式计算：

$$T_s=\frac{27.4\times(\ln R_{max}-\ln R_{min})\mu}{n^2r^2(\sigma-\rho)}$$

式中，R_{max} 为距轴心最远处试液的旋转半径，cm；R_{min} 为距轴心最近处试液的旋转半径，cm；μ 为混合液黏度，P(Pa·s)；ρ 为混合液密度，g/cm^3；n 为转速，r/min；r 为旋转半径，cm；σ 为粒子密度，g/cm^3。

五、旋转蒸发器

（一）使用操作规程

1. 水位检查及温度设置

向水浴锅中加入适量的去离子水，打开水浴锅开关，调节水浴锅至所需温度。打开真空泵开关，检查真空泵水位（2/3 以上）。

2. 安装

接通电源，打开冷凝水（旋转水龙头至 1/3 处即可），将装有待蒸发溶剂的蒸馏烧瓶安装到旋转蒸发器上，关闭真空阀，待压力降至负压后方可松手。通过升降装置将烧瓶下调至适当位置（烧瓶与水接触面积为 1/2～2/3）（见附图 3）。

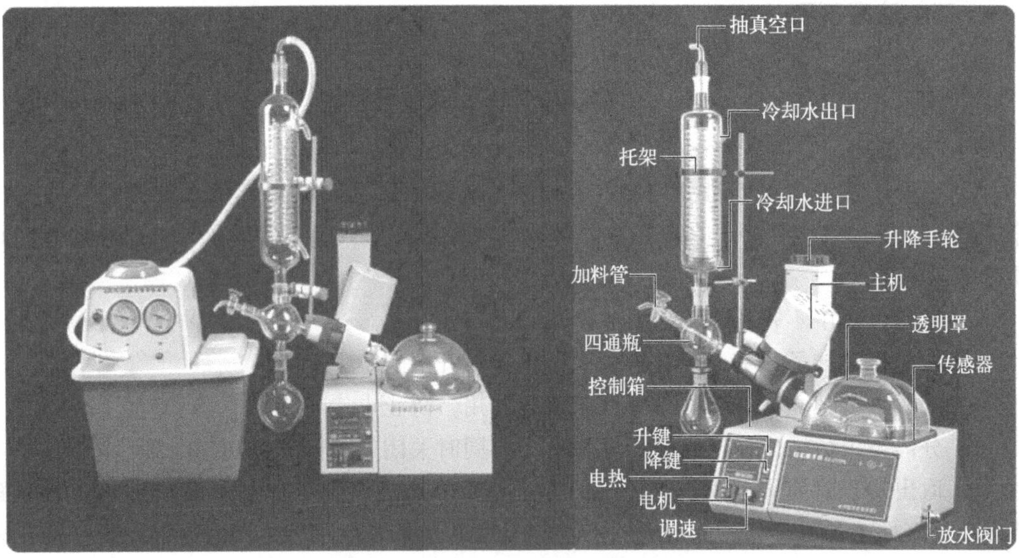

附图 3　旋转蒸发器照片及各部分结构

3. 运行与停止

① 打开旋转开关，调节转速为 30～100r/min。进入正常运行，观察运行情况，防止暴沸。

② 当冷凝器中溶液冷凝下滴的速度突然变慢或者烧瓶中溶液仅剩 2～3mL 时，停止旋蒸。

③ 先停旋转，再上调烧瓶至适当位置，然后打开真空阀，待压力恢复后取下蒸馏烧瓶。

④ 当接收瓶装满时，关闭真空泵开启真空阀，打开夹子（一手托住瓶底）取下接收瓶，倒出回收液，再安装好接收瓶，打开真空泵进入正常运行。

4. 运行停止

旋蒸结束，关闭真空泵、旋蒸仪、水浴锅、冷凝水，并拔掉电源。

（二）注意事项

① 注意水浴锅水位，每 30min 检查 1 次，水位较低时必须加水，严防水蒸干。

② 溶液浓缩过程中容易暴沸喷出，应时刻关注，通过改变真空度、降低水浴温度、减缓蒸馏瓶的旋转速度、减少液体与浓缩瓶的接触面积等方法进行消除。

③ 旋蒸过程中蒸发速度不能太快也不能太慢，当冷凝液呈线状滴下时说明蒸发速度太快。

④ 玻璃零件接装时应轻拿轻放，并清洗干净。

⑤ 若设备出现故障，应当停止作业，告知任课教师，绝不可自行拆卸和维修。

⑥ 旋转蒸发器运转过程中必须有人值守，不可脱岗。

六、恒流泵

（一）使用操作规程

1. 开机

开机前检查，确保恒流泵的电源线、硅胶管等附件齐全且无损坏。将电源线插在电源插座上，接通电源，打开恒流泵后面的开关（HL 旋钮式系列，需要先将调速旋钮调到最小位置，再打开电源）。

2. 压力调节

通过距离调节板（即泵头前后的滑板）或两侧的调节螺丝来调节液体压力，注意不要拧得太紧，以免损坏滚筒。

3. 换向与排气

使用换向键可以改变流动的方向，实现加液和抽液的切换。排气按键的作用是在慢速时不改变原来设定流量的情况下快速排出管内空气或清洗管道。

4. 流量调节

通过启动键或者转动调速旋钮，观察仪器转动是否正常（正常情况下，滚子转动，转动方向为液体流动方向），可根据需要调节流量，流量范围为 1～600mL/h。

5. 转速与流量转换计算

① 接通电源开关，按下“排气”按钮，排空硅胶管内的残余气体。选择某一转速（如 42r/min），再按下“启动”按钮，泵停止运转后保存此时的转速，关闭电源开关。

② 将硅胶管放入量杯内，接通电源开关，按一下“启动”按钮，同时计时，待泵运转到某一时间（如 10min），关闭电源开关，泵停止运转。

③ 将量杯内的液体量除以计时时间，就得到此次操作的实际流量。若量杯内的液体量为 26mL/10min＝2.6mL/min，则现在 42r/min 的转速相当于 2.6mL/min 的流量，用类似的方法可以求得其他所需要的流量。

6. 关机

使用结束后，关闭电源开关，拔掉插头。

（二）注意事项

① 定期检查设备的运行状态，及时更换磨损的部件，确保设备长期稳定运行。

② 调节压力时要注意不要过紧，以免损坏设备。

③ 仪器在使用期间，应随时注意硅胶管是否完好，一般在中速情况下运转为佳，当发现硅胶管老化时，应及时更换硅胶管。

④ 恒流泵长期不用时，将硅胶管从泵中取出，以延长其使用寿命。硅胶管是易损物品，使用一段时间后应及时更换，否则会造成漏液，损坏仪器。

⑤ 要注意保持泵槽内清洁，尤其对滚子轴套必须擦干净，以免滚子轧死。

⑥ 根据不同介质和不同流量，选用不同粗细的硅胶管。

⑦ 勿输送有机溶剂和强酸强碱溶剂。

七、自动部分收集器

（一）使用操作规程

1. 准备工作

① 使用时取下防尘罩，将电源线、试管盘、竖杆、安全阀、漏液报警板等按附图 4 正确安装和固定好。

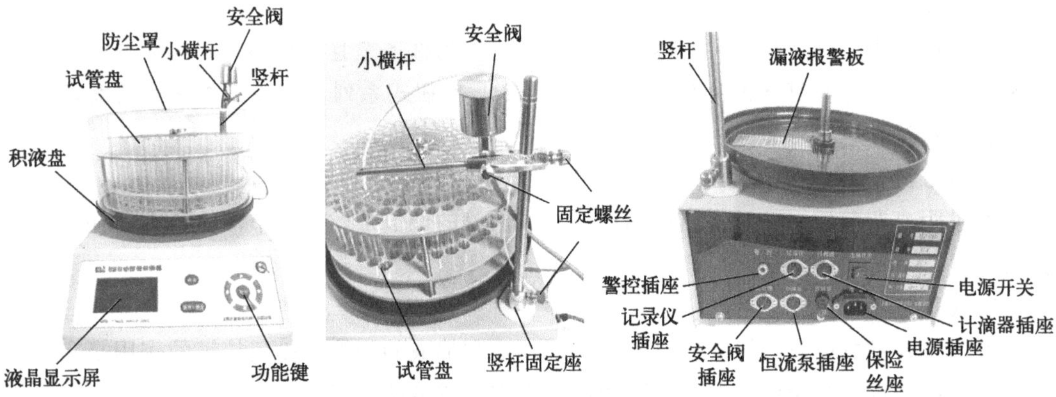

附图 4　自动部分收集器照片

② 开启电源，按“电源”开关（在仪器后面板上），试管盘自动复位至起点，液晶显示屏亮，全中文显示，按任意键，进入待机状态。

2. 滴头定位

调节口到第一个试管的中心位置（外圈第一管），拧紧三个固定螺丝（竖杆固定螺丝、安全阀固定螺丝、小横杆固定螺丝），完成滴头定位。

3. 参数设置

① 按“▼”键，选择“参数设置”，按“确定”键，进入定时参数设置状态。按“确定”键，选择“起始管号”，进入“起始管号”的设置。（起始管号＜结束管号）按“确定”键，显示“起始管号”，通过“▼”“▲”“◀”“▶”键，设置起始管号，再按“确定”键，完成起始管号设置。

② 按“▼”键，选择“结束管号”，进入“结束管号”的设置。（结束管号＞起始管号）按“确定”键，显示“结束管号”，通过“▼”“▲”“◀”“▶”键，设置结束管号，再按“确定”键，完成结束管号设置。

③ 按“▼”键，选择“收集时间”。按“确定”键，显示“收集时间”，通过“▼”“▲”“◀”“▶”键，设置收集时间，再按“确定”键，完成收集时间设置。

④ 按“▼”键，选择“当前时间”。按“确定”键，显示“当前时间”，通过“▼”“▲”“◀”“▶”键，设置当前时间，再按“确定”键，完成当前时间设置。

⑤ 按“▼”键，选择“闹钟时间”。按“确定”键，显示“闹钟时间”，通过“▼”“▲”“◀”“▶”键，设置闹钟时间，再按“确定”键，完成闹钟时间设置。

⑥ 按“▼”键，选择“保存参数”，按“确定”键，保存设置的参数，进入待机状态，显示“开始运行”。

4. 恒流泵工作状态选择

在待机状态下，按“启动”键，恒流泵开始工作；再按“启动”键，恒流泵停止工作。在柱色谱过程中，如柱平衡和实验结束后设备的清洗工作阶段，仅需恒流泵工作，而收集器不需要工作，此时可以选择恒流泵的工作状态来完成。

5. 漏液报警（漏液报警板放置在第一个试管的下方位置）

由于滴头定位不准或在实验过程中不慎有液体流到积液盘的漏液报警板上，仪器会自动报警（液体是导电物质才有作用），收集器停止工作，此时先把流到积液盘“漏液报警板”上的液体擦干净，再按“启动”键，收集器继续工作。

6. 运行状态

① 收集状态：在显示“开始运行”时，按“确定”键，显示“收集状态”，处于待机“收集状态”，恒流泵停止工作。按“启动”键，收集器开始运行，进入运行状态，恒流泵开始工作。工作完毕，仪器会报警提示“完成”，按任意键消除报警，收集器处于待机状态。

② 时钟状态：在显示“开始运行”时，按“确定”键，显示“收集状态”，按“▼”键，选择“时钟状态”，按“确定”键，显示“时钟状态”，处于时钟待机状态，按“启动”键，进入时钟运行状态，恒流泵、收集器停止工作。

③ 闹钟状态：在“时钟运行”状态显示“当前时间”时，按“启动”键，可以打开“闹钟”功能，按“暂停/返回”键，可以关闭“闹钟”功能。

（二）注意事项

① 本仪器必须使用标准的三芯电源插座，应有可靠的接地，确保安全。

② 使用时把“漏液报警板”安放在滴管口下方的积液盘中的方框内，连线从积液盘中心孔的槽内往下穿过，插头插入仪器后面板的“警控”插口中，可实现漏液报警。

③ 每次使用前必须重新对滴管口进行调整，确保滴管口在第 1 管的中心位置。

④ 使用有机溶液时，配置耐有机溶液的试管盘和进口硅胶管。

八、电泳仪

（一）使用操作规程

1. 电泳装置

接好电源线并确认与有接地保护的电源插座相连，按颜色连接好电泳仪电源与电泳槽之间的导线，并装入电泳样品，确认符合要求后，开启仪器的“电源开关”。

2. 参数设置与调节

① 液晶显示屏亮起显示上一次工作的设定值，如果使用同一参数，即可直接按“启/停”键；改变参数可按“▲”“▼”键，每按一次改变一个数值，如希望快速改变可按住按键不放，则数值会连续快速改变，当到达所需数值时松开即可。

② 设定电压、电流和时间，可以按“选择”键，此时“←”指示相应位置，其数值由上下调节按键控制。设定时间的范围为 1min～99h 59min。

③ 按“启/停”键后，仪器鸣响 4 声，输出启动，输出指示“RUN”，当输出稳定后，稳压/稳流状态由“U”“I”是否闪烁表示。在稳压/稳流状态改变时，仪器会自动鸣响 2 声以提醒用户。

④ 在仪器正常输出时，可以随时对当前显示值进行调节。

⑤ 仪器正常输出时，选择设置电压、电流、时间后，按相应的“▲”“▼”按键，即可改变相应的参数设定值。

3. 电泳

参数设置完成后开始电泳。电泳过程仔细观察仪器工作是否正常、是否漏液等，按设定确定电泳时间，或观察指示剂距胶体末端 1.5cm 时选择停止电泳。

4. 停机

① 在仪器正常输出时若要停机，可按“启/停”键，输出立刻关闭并显示“stop”，同时仪器反复鸣响。此时应按一下“选择”键，仪器停止鸣响。若继续工作，则应选择“Go on”，时间继续累加。而如果选择“启/停”，则计时重新从“0:00”开始。

② 定时时间到后仪器自动显示已用时间并反复鸣响以提示用户。考虑到电泳的实际情况，仪器输出始终不关，等待用户手动停机。如果用户希望继续工作，可以按一下“选择”键，仪器停止蜂鸣。当达到仪器的最大设定时间，仪器将自动关闭输出，显示“stop”，以保证使用安全。

③ 工作中出现以下显示信息的含义：stop →停机，No Load→开路（空载）停机，Over Load→过载或短路停机，Over U →电压超限，Over _ →电流超限。当出现开路、过载等信息时，应检查相应输出回路是否存在故障。6s 左右恢复正常，仪器可继续工作，否则停机。

（二）注意事项

① 本仪器使用一段时间后应检查电极连线与电泳仪是否接触良好，以避免因连接故障造成仪器不能正常工作。

② 本仪器输出电压较高，开机后人体不宜和电泳仪溶液或样品接触，关机后再看样品，以免触电。

③ 同时使用两个通道时，电流显示值为各电泳槽电流之和。而各电泳槽上的电压是相同的。此时应采用稳压工作方式。

④ 本仪器输出功率较大，因此采用了智能通风散热电路，当输出电流达到一定数值时仪器后面板的风扇会自动启动，因此，在仪器工作时不要用物体遮挡后面板。

⑤ 使用过程中如发现异常现象，要立即断电并进行检修。

⑥ 在使用过程中出现停电后来电情况，本仪器将恢复初始设定状态。

⑦ 在仪器定时达到最大时间 100h 后，仪器自动关闭输出。

九、超纯水机

（一）使用操作规程

1. 安装与连接

按照说明书将超纯水机安装在合适的位置，连接好进水管道和电源。确保进水水质符合超纯水机的要求，一般要求进水为自来水或经过初步处理的纯水，进水压力在一定范围内（通常为 0.1～0.4MPa）。

2. 开机初始化

接通电源后，打开超纯水机的开关，机器开始进行初始化自检。在自检过程中，机器会自动检测各个部件的工作状态，如水泵、电磁阀、传感器等。如果自检发现问题，会在显示屏上显示相应的故障代码，此时需要根据说明书进行故障排除。

3. 参数设置

通过超纯水机的控制面板设置相关参数，如产水水质标准、取水模式、水箱容量等。根据实验需求选择合适的产水水质，一般超纯水机可以生产不同电阻率的超纯水，如 18.2MΩ · cm、15MΩ · cm 等。取水模式可以设置为手动取水、定量取水或定时取水等。

4. 制水与取水

设置好参数后，超纯水机开始制水。原水经过预处理、反渗透、离子交换等多个处理单元后，生产出超纯水并储存到水箱中。当水箱中的超纯水达到设定的水位时，制水过程自动停止。需要取水时，根据设置的取水模式进行操作。如果是手动取水，打开取水开关，即可从取水口获取超纯水；如果是定量取水或定时取水，设置好相应的参数后，机器会按照设定自动进行取水操作。

5. 水质监测与维护

超纯水机具有水质监测功能，会实时显示产水的电阻率、电导率等参数。定期检查水质监测数据，确保产水水质符合实验要求。同时，按照说明书的要求定期更换超纯水机的滤芯、反渗透膜等耗材，以保证超纯水机的正常运行和产水质量。一般预处理滤芯每 3～6 个月更换一次，反渗透膜每 1～2 年更换一次，具体更换时间根据实际使用情况和水质监测结果来确定。

（二）注意事项

① 保持进水的通畅。

② 如遇断水，及时停机，以免来水时，水中大量杂质进入仪器，降低预处理的使用寿命。

③ 经常注意自来水的水质，如遇到自来水水质很差（黄色，浊度高，电导率大于 400μS/cm，带有异味），应及时停机，需要时另行购买强化预处理器。

④ 保持室内环境清洁及仪器的外表清洁。

⑤ 需停机一段时间时，首先清洗超纯水系统，然后再关闭进水阀门以及机器的电源。

⑥ 定期对储水箱进行消毒和清洗，如有特殊要求，可加装储水箱专用杀菌器及空气过滤器。

十、鼓风干燥箱

（一）使用操作规程

1. 开机

打开电源开关，指示灯亮。

2. 参数设置

① 长按设置键 3～5s，PROG 区的第一位数字闪烁，通过加键或减键选择需要修改的

设定组（若 PROG 显示“1”，表示第 1 组）。

② 再按设置键，SV 区闪烁，提示可以修改设定温度，通过增加键或减少键设置所需温度，确认。

③ 再按设置键，TIME 区闪烁，提示可以修改运行时间，通过增加键或减少键设置所需时间（如设置 02:02 表示 2 小时零 2 分），确认。第一段的时间设为 0，则自动变为无定时的定值控制，其他段的时间设为 0，则该段为结束段，程序运行到该段时自动结束。

④ 再按设置键，风机指示灯闪烁，通过增加键或减少键选择所需风机速度（H 表示高速，M 表示中速，L 表示低速），确认。

⑤ 再按设置键，STEP 显示“2”（表示第 2 段），提示进入第 1 组第 2 段的参数设置；再次按设置键，STEP 显示“3”，提示进入第 1 组第 3 段程序设置，重复以上方法设定该段的时间、温度。

3. 上偏差设置

起到系统控温超差或失控的保护作用，产品工作时必须使用。例如，产品出厂时如设置 AL＝15.0，即报警温度为（设定温度值＋AL 值）℃。

4. 运行与停止

全部参数设定完毕后，按启动键，待 2s 左右，开始运行。运行中 TIME 区显示为剩余时间，按设置自动结束。

（二）注意事项

① 干燥箱应放置在具有良好通风条件的室内，与周围墙壁设备保持 10cm 以上，周围不可放置易燃易爆物品。电源应插在大于其额定功率的专用插座上，并确保接地良好，不可与其他设备共用插座。

② 使用前要遵循设备说明书上的操作步骤，不得擅自改动设备原有设置。干燥箱无防爆装置，禁止放入易燃、易爆、易挥发、易腐蚀的物品，确保使用安全。干燥箱内物品放置切勿过挤，必须留出空间。使用过程中，不得触摸工作箱门、观察窗及箱体表面，以防烫伤。

③ 通电前，先检查箱体的电气性能，并应注意是否有断路或漏电现象。使用过程中，需借助箱内控温器自动控温，无需人工管理。欲观察工作室样品情况，可开启箱门观察，但箱门以不常开启为宜，以免影响恒温。

④ 将需干燥的物料均匀放入干燥箱内的样品架上。放置样品时，上下四周应留存一定空间，保持箱内气流畅通。含易燃易爆等有机挥发性溶剂或助剂的样品禁止放入箱内。

⑤ 设置所需温度时不可超过额定温度，具体设定温度由实验需要及烘烤物料属性而定。数显温度正常指示，若不显示或出现闪烁、跳跃等异常则需及时关闭电源并联系仪器负责人。

⑥ 取样时需戴上厚实的防护隔热手套，缓慢打开箱门，切勿在高温状态下快速或急速开启箱门。取样时避免头部直接正对箱门开口，需待箱内热量散失后再取样。